高等职业教育土木建筑类专业新形态教材

# 建筑材料实务

主　编　武　强　王恩波　王占锋
副主编　王铁刚　安亚强　雷海涛　刘彩玲
参　编　解　昕　苏　鹏　杨生奇　肖青战
主　审　杨　谦

U0403661

北京理工大学出版社
BEIJING INSTITUTE OF TECHNOLOGY PRESS

## 内容提要

本书直观便捷，层次清晰。全书在内容上简明扼要地从试验原理、试验仪器、试验步骤、数据分析四个方面叙述，共包含六个试验，分别介绍了建筑材料基本性能试验、水泥试验、混凝土用骨料试验、普通混凝土配合比设计及试验、建筑砂浆试验、建筑钢材试验。

本书作为建筑材料课程的补充内容，可为土木工程类相关专业学生的学习和技术培训提供指导。

**版权专有　侵权必究**

**图书在版编目（CIP）数据**

建筑材料实务 / 武强，王恩波，王占锋主编.--北京：北京理工大学出版社，2021.7

ISBN 978-7-5763-0077-2

Ⅰ.①建…　Ⅱ.①武…②王…③王…　Ⅲ.①建筑材料－高等学校－教材　Ⅳ.①TU5

中国版本图书馆CIP数据核字（2021）第142541号

出版发行 / 北京理工大学出版社有限责任公司

社　　址 / 北京市海淀区中关村南大街5号

邮　　编 / 100081

电　　话 /（010）68914775（总编室）

（010）82562903（教材售后服务热线）

（010）68944723（其他图书服务热线）

网　　址 / http：//www.bitpress.com.cn

经　　销 / 全国各地新华书店

印　　刷 / 河北鑫彩博图印刷有限公司

开　　本 / 787毫米×1092毫米　1/16

印　　张 / 7.5

字　　数 / 96千字

版　　次 / 2021年7月第1版　2021年7月第1次印刷

定　　价 / 58.00元

责任编辑 / 钟　博

文案编辑 / 钟　博

责任校对 / 周瑞红

责任印制 / 边心超

图书出现印装质量问题，请拨打售后服务热线，本社负责调换

# 前言 PREFACE

建筑材料实务是广大即将从事土木工程行业相关工作的学生所必须具备的专业技能。本书根据现行建筑材料试验相关标准规范进行编写，主要目的在于使高等院校土木工程类相关专业（建筑工程技术、建设工程管理、工程造价、道路与桥梁工程技术、城市轨道交通等）学生能快速适应土木工程行业发展新趋势，能准确对建筑材料质量进行检测和鉴定。本书共包含六个试验，分别是建筑材料基本性能试验、水泥试验、混凝土用骨料试验、普通混凝土配合比设计及试验、建筑砂浆试验、建筑钢材试验。本书作为建筑材料课程的补充内容，可为土木工程类相关专业学生的学习和技术培训提供指导。

本书主要具有以下特色：

（1）本书内容简明扼要，每个材料试验均从知识模块（介绍试验的原理）、仪器模块（介绍试验所需的仪器设备）、试验模块（介绍试验的步骤及方法）、试验考核模块（对试验进行考核）等方面进行阐述。为了更方便地对试验数据进行分析，书中部分试验还配有相应的公式图表模块。

（2）本书体例及内容由多所高等院校和多家建筑施工企业联合设计并编写，所述试验内容及模块与工程实际紧密结合，具有较强的指导意义及实用价值。

（3）本书采用“活页式”的方式及体例进行编写，直观便捷，层次清晰，便于学生掌握相关试验操作技能，并完成相关试验数据的处理，方便教师进行成绩评定。

（4）本书配套了校级、省级、国家级三级系列精品在线开放课程，读者可通过输入链接地址“https://next.xuetangx.com/course/SXPI54031001297/1076694”，登录相应平台在线进行网络学习。

本书由陕西工业职业技术学院武强、王恩波，陕西交通职业技术学院王占锋担任主编；由陕西职业技术学院王铁刚、陕西工业职业技术学院安亚强、咸阳职业技术学院雷海涛、杨凌职业技术学院刘彩玲担任副主编；陕西建工集团有限公司解昕、苏鹏、杨生奇，陕西工业职业技术学院肖青战参与编写。具体编写分工为：试验1由王恩波、王铁刚、解昕编写，试验2、试验3由武强、王占锋、苏鹏编写，试验4由王恩波、雷海涛、杨生奇编写，试验5由安亚强、刘彩玲、苏鹏编写，试验6由肖青战、王铁刚、解昕编写。全书由武强、王恩波最终统稿整理，由陕西工业职业技术学院杨谦主审。

由于编者水平有限，书中难免存在疏漏及不妥之处，敬请读者批评指正。

编　者

## 本教材使用说明

1．本书采用活页式（环扣式）排版方式。

2．建筑材料试验记分卡和每个试验的试验考核模块需要在每个试验完成后由学生统一取出，交由试验指导老师装订批阅，并留作教学资料归档。

3．建筑材料试验记分卡由指导老师统计学习成绩。

4．老师设计的临时试验可由学生统一加入教材。

## 实训目的

建筑材料试验属于实践性教学环节，其目的主要有三个：一是使学生熟悉、验证、巩固所学的理论知识，增加感性认识；二是使学生了解所使用的仪器设备，掌握所学建筑工程材料试验检测方法；三是通过进行科学研究的基本训练，培养学生分析问题和解决问题的能力，积累工程技术方面的知识，培养学生求真务实的工作作风，增强事业心和责任感，培养其独立工作的能力，增强学生的实践意识和创新意识。

## 实训任务及内容

本实践性教学环节要求学生在一周内完成建筑材料基本性能试验、水泥试验、混凝土用骨料试验、普通混凝土配合比设计及试验、建筑砂浆试验、建筑钢材试验六个具体的建筑材料试验，通过老师的讲解和引导，学生动手操作，并完成试验报告。

## 实训考核标准

（1）学生成绩以试验报告、实训纪律和实训过程中的表现为基准，分为优秀、良好、中等、及格、不及格五个等级。

（2）日常考勤、实训纪律占实训周成绩的 50%，试验报告完成情况占实训周成绩的 50%。

（3）无缺勤，实训任务完成优秀，实训成绩评定为优秀。

（4）缺勤 3 个学时以下，实训任务完成良好，实训成绩评定为良好。

（5）缺勤 3 个学时以下，实训任务完成中等，实训成绩评定为中等。

（6）缺勤 3 个学时以下，实训任务完成一般，实训成绩评定为及格。

（7）缺勤 3 个学时以上、实训表现差、不能按时完成实训报告，实训成绩评定为不及格。

# 建筑材料试验计分卡

| 班级 | | 姓名 | | 学号 | | 分组 | |
|---|---|---|---|---|---|---|---|

| 序号 | 试验名称 | 试验成绩 | 考勤成绩 | 备注 |
|---|---|---|---|---|
| 1 | 建筑材料基本性能试验 | | | |
| 2 | 水泥试验 | | | |
| 3 | 混凝土用骨料试验 | | | |
| 4 | 普通混凝土配合比设计及试验 | | | |
| 5 | 建筑砂浆试验 | | | |
| 6 | 建筑钢材试验 | | | |
| 建筑材料试验总评成绩 | | | | |

# 目录 CONTENTS

# 试验 1 建筑材料基本性能试验

## 【知识模块】

### 1. 密度

材料的密度是指材料在绝对密实状态下单位体积的质量。利用密度可计算材料的孔隙率和密实度（图 1–1）。孔隙率大小会影响材料的吸水率、强度、抗冻性及耐久性等。

图 1–1 密度

### 2. 堆积密度

堆积密度是指散粒或粉状材料（如砂、石等）在自然堆积状态下（包括颗粒内部的孔隙及颗粒之间的空隙）单位体积的质量。利用堆积密度可估算散料的堆积体积及质量，同时可考虑材料的运输工具及估计材料级配情况等（图 1–2）。

图 1–2 散料堆积密度

### 3. 表观密度

表观密度是指材料在自然状态下单位体积的质量。利用材料的表观密度可以估计材料的强度、吸水性、保温性等，同时可用来计算材料的自然体积或结构物质量（图 1–3）。

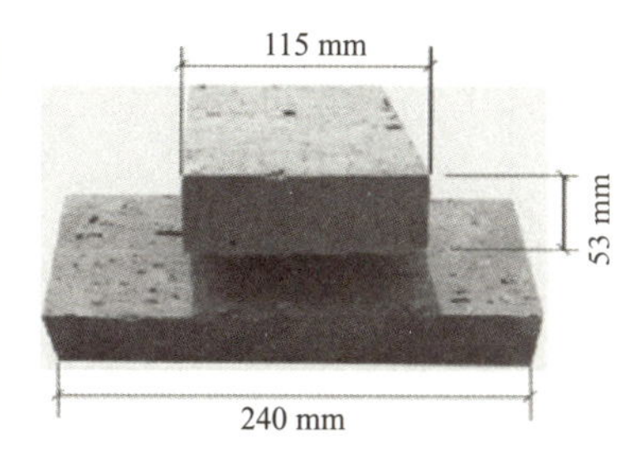


图 1–3 块料表观密度

## 【仪器模块】

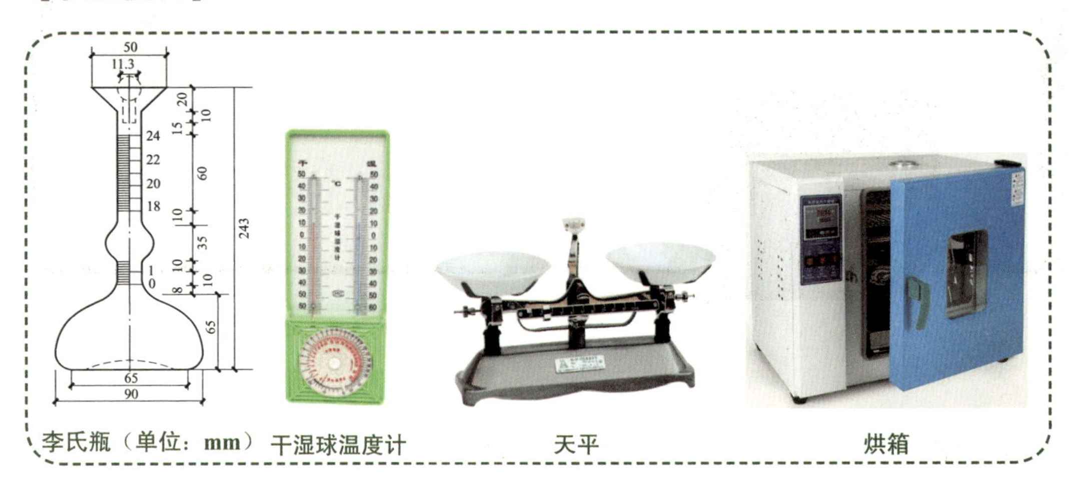

李氏瓶（单位：mm） 干湿球温度计 天平 烘箱

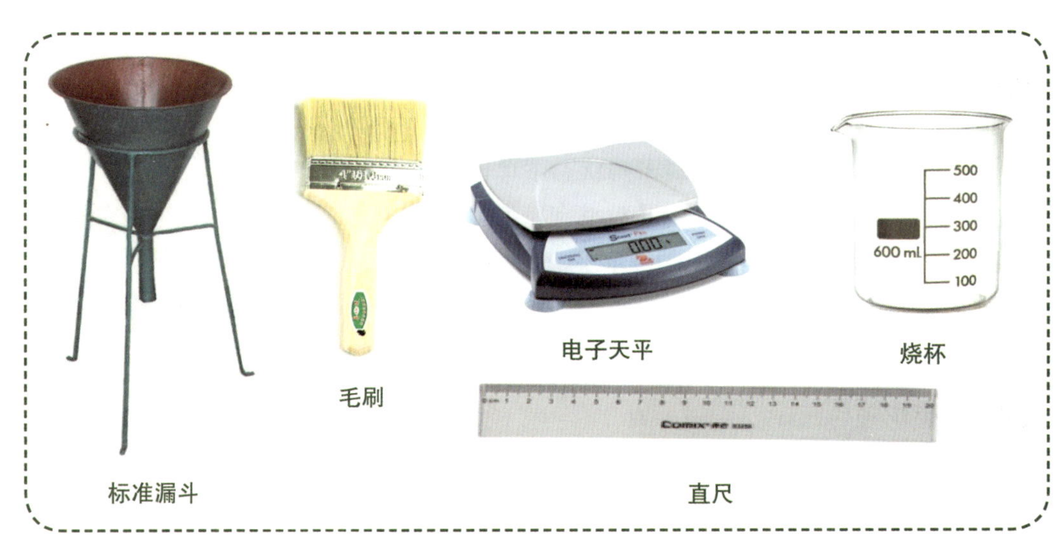

标准漏斗 毛刷 电子天平 烧杯 直尺

容量瓶 游标卡尺 漏斗 广口瓶 干燥器

## 【公式图表模块】

**建筑材料基本性能试验常用公式**

| 指标名称 | 计算公式 | 字母含义 |
| --- | --- | --- |
| 密度 | $\rho=\frac{m}{V}$ | $\rho$——材料的密度（$g/cm^3$）；<br>$m$——装入瓶中试样的质量（g）；<br>$V$——装入瓶中试样的绝对体积，两次量测液面差值（$cm^3$） |
| 堆积密度 | $\rho_0'=\frac{m_2-m_1}{V_0'}$ | $\rho_0'$——材料的堆积密度（$kg/m^3$）；<br>$m_1$——标准容器的质量（kg）；<br>$m_2$——标准容器和试样总质量（kg）；<br>$V_0'$——标准容器的容积（$m^3$） |
| 表观密度 | $\rho_0=\frac{m}{V_0}$ | $\rho_0$——材料的表观密度（$g/cm^3$）；<br>$m$——试样的质量（g）；<br>$V_0$——试样的体积（$cm^3$） |

## 【试验模块】

### 1. 密度试验步骤

（1）将普通砂通过公称直径为 2.5 mm 的方孔筛，去除筛余物，放入温度为 105 ℃～ 110 ℃的烘箱内烘干至恒重，再放入干燥器内冷却至室温。

（2）将自来水倒入李氏瓶，使液面达到“0 mL”与“1 mL”之间的刻度线。

（3）用滤纸将液面以上的瓶颈内部吸干，并读取李氏瓶内液体凹液面的刻度值 $V_1$（精确至 0.1 mL，以下同）。

（4）用电子天平称取砂样 70 ～ 80 g（精确至 0.01 g，以下同），记为 $m_1$，用药勺和漏斗小心将粉末徐徐送入李氏瓶（要防止在瓶喉部发生堵塞），直至液面上升至 20 mL 可读值左右为止。

（5）称量剩余试样的质量 $m_2$，将李氏瓶倾斜一定角度并沿瓶轴旋转，使砂样中的气泡逸出。

（6）将李氏瓶静置 30 min，待瓶中气泡逸尽后，读取液体凹液面的刻度值 $V_2$。

### 2. 堆积密度试验步骤

（1）称取标准容器的质量 $m_1$（g）；

（2）取试样一份，经过标准漏斗将其徐徐装入标准容器，待标准容器顶上形成锥形，用钢尺将标准容器内材料的顶部沿标准容器口中心线向两个相反方向刮平。

（3）称取标准容器与材料的总质量 $m_2$（g）。

### 3. 表观密度试验步骤

（1）将待测材料的试样放入温度为 105 ℃～ 110 ℃ 的烘箱中烘干至恒重，取出置于干燥器中冷却至室温。

（2）用游标卡尺量出试样尺寸，试样为正方体或平行六面体时，以每边测量上、中、下三次的算术平均值为准，并计算出体积；试样为圆柱体时，以两个互相垂直的方向量其直径，各方向上、中、下测量三次，以六次的算术平均值为准确定其直径，并计算出体积。

（3）用天平称量出试样的质量 $m$。

（4）对非规则几何形状的材料（如卵石等），其自然状态下的体积可用排液法测定，在测定前应对其表面封蜡，封闭开口孔后，再用容量瓶或广口瓶进行测试。其余步骤同规则形状试样的测试。

## 【试验考核模块】

| 班级 | | 姓名 | | 学号 | | 分组 | | 评分 | |
|---|---|---|---|---|---|---|---|---|---|

# 建筑材料基本性能试验结果处理

试验日期：__________ 试验温度（℃）：__________ 试验湿度（%）：__________

品种等级：______________________试验标准：____________________________

试验仪器：______________________________________________________

样品描述：______________________________________________________

### 密度试验记录表

| 序号 | 首次液面读数 $V_1$/mL | 二次液面读数 $V_2$/mL | 试样绝对体积 $V$/mL | 试样质量 $m$/g | 密度 $\rho$/（g·cm$^{-3}$） |
|---|---|---|---|---|---|
| 1 | | | | | |
| 2 | | | | | |
| 3 | | | | | |

结论：两次试验取算术平均值，试样密度为___________g/cm$^3$。

### 堆积密度试验记录表

| 序号 | （容器质量+试样质量）$m_2$/kg | 容器质量 $m_1$/kg | 容器容积 $V_0'$/m$^3$ | 堆积密度 $\rho_0'$/（kg·m$^{-3}$） |
|---|---|---|---|---|
| 1 | | | | |
| 2 | | | | |
| 3 | | | | |

结论：两次试验取算术平均值，试样堆积密度为___________kg/m$^3$。

### 表观密度试验记录表

| 序号 | 试样长 $l$/mm | 试样宽 $b$/mm | 试样高 $h$/mm | 试样体积 $V_0$/mL | 试样质量 $m$/g | 表观密度 $\rho_0$（g·cm$^{-3}$） |
|---|---|---|---|---|---|---|
| 1 | | | | | | |
| 2 | | | | | | |
| 3 | | | | | | |

结论：三次试验取算术平均值，试样表观密度为___________g/cm$^3$。

## 试验 2-1 水泥密度试验

**【知识模块】**

水泥密度是指水泥单位体积的质量，单位是 g/cm³。

注意：水泥密度计算结果精确至 0.01 g/cm³，试验结果取两次测定结果的算术平均值，两次测定结果之差不大于 0.02 g/cm³。

### 1. 试验原理

将一定质量的水泥倒入装有足够量液体介质的李氏瓶，液体的体积应可以充分浸润水泥颗粒。根据阿基米德定律，水泥颗粒的体积等于它所排开的液体体积，从而可以计算出水泥单位体积的质量，即密度。试验中，液体介质采用无水煤油或不与水泥发生反应的其他液体。

$$\rho=\frac{m}{V_2-V_1}$$

$\rho$——水泥密度（g/cm³）；

$m$——水泥质量（g）；

$V_2$——李氏瓶第二次读数（mL）；

$V_1$——李氏瓶第一次读数（mL）。

【仪器模块】

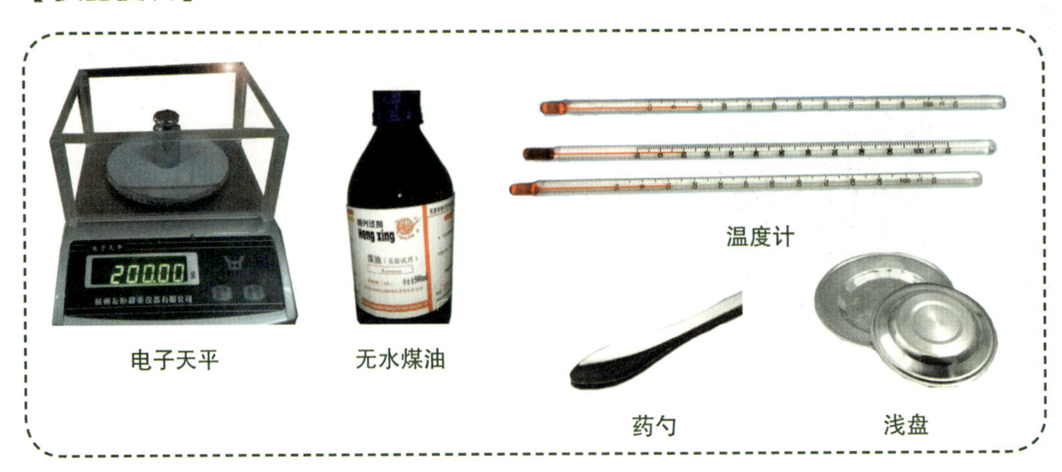

电子天平 无水煤油 温度计 药勺 浅盘

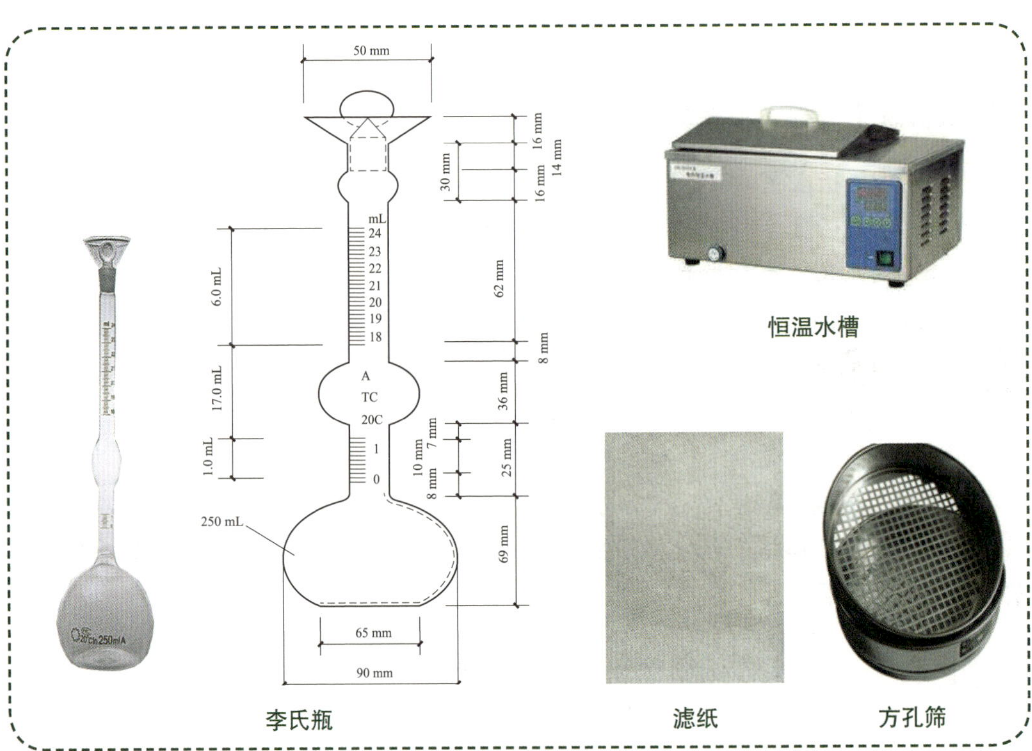

李氏瓶 恒温水槽 滤纸 方孔筛

## 2. 李氏瓶

李氏瓶由优质玻璃制成，透明无条纹，具有抗化学侵蚀性，且热滞后性小，要有足够的厚度以确保良好的耐裂性。李氏瓶横截面形状为圆形。

李氏瓶的瓶颈刻度由 0 ～ 1 mL 和 18 ～ 24 mL 两段组成，且 0 ～ 1 mL 和 18 ～ 24 mL 两段以 0.1 mL 为分度值，任何标明的容量误差都不得大于 0.05 mL。

## 【试验模块】

水泥密度试验步骤如下：

（1）水泥试样应预先通过公称直径为 0.90 mm 的方孔筛，放入温度为 110 ℃ ±5 ℃的烘箱中烘干 1 h，并在干燥器内冷却至室温（室温应控制在 20 ℃ ±1 ℃）。

（2）称取水泥 $m$=60 g，精确至 0.01 g。在测试其他材料密度时，可按实际情况增减称量材料质量，以便读取刻度值。

（3）将无水煤油注入李氏瓶，使液面达到“0 mL”与“1 mL”之间刻度线后（选用磁力搅拌时，应加入磁力棒），盖上瓶塞放入恒温水槽，使刻度部分浸入水中（水温应控制在 20 ℃ ±1 ℃），恒温至少 30 min，记下无水煤油的初始（第一次）读数 $V_1$。

（4）从恒温水槽中取出李氏瓶，用滤纸将李氏瓶细长颈内没有煤油的部分仔细擦拭干净。

（5）用药勺将水泥试样徐徐装入李氏瓶，反复摇动（也可使用超声波振动或磁力搅拌），直至没有气泡排出，再次将李氏瓶静置于恒温水槽中，使刻度部分浸入水中，恒温至少 30 min，记下第二次读数 $V_2$。

（6）第一次读数和第二次读数时，恒温水槽的温度差不应大于 0.2 ℃。

## 【试验考核模块】

| 班级 | | 姓名 | | 学号 | | 分组 | | 评分 | |
|---|---|---|---|---|---|---|---|---|---|

# 水泥试验记录及结果处理（一）

试验日期：__________ 试验温度（℃）：__________ 试验湿度（%）：__________

品种等级：______________________ 试验标准：______________________________

试验仪器：________________________________________________________________

样品描述：________________________________________________________________

水泥密度试验记录表

| 序号 | 水泥试样质量 $m$/g | 李氏瓶中未加试样时无水煤油弯月面第一次读数 $V_1$/mL | 李氏瓶中加入试样后无水煤油弯月面第二次读数 $V_2$/mL | 水泥密度 $\rho$/（g · $cm^{-3}$）［$\rho=m/(V_2-V_1)$］ | |
|---|---|---|---|---|---|
| | | | | 单值 | 平均值 |
| 1 | | | | | |
| 2 | | | | | |

# 试验 2-2　水泥细度试验

【知识模块】

细度是指水泥颗粒的粗细程度。硅酸盐水泥的细度用比表面积来衡量，要求比表面积大于 300 $m^2/kg$；普通水泥的细度可用筛余量来衡量，要求 80 μm 方孔筛筛余不得超过 10.0%。

## 1. 负压筛法

本试验方法是采用 45 μm 方孔筛或 80 μm 方孔筛对水泥试样进行筛分析试验，用筛上筛余物的质量百分数来表示水泥试样的细度。

为保持筛孔的标准度，在用试验筛时，应用已知筛余的标准试样来标定，测得修正系数，将筛余结果乘以该修正系数，即最终结果。

## 2. 勃氏法

本试验方法主要是根据一定量的空气通过具有一定空隙率和固定厚度的水泥层时，所受阻力不同而引起流速的变化来测定水泥的比表面积。在一定空隙率的水泥层中，空隙的大小和数量是颗粒尺寸的函数，同时也决定了通过水泥层的气流速度。

【仪器模块】

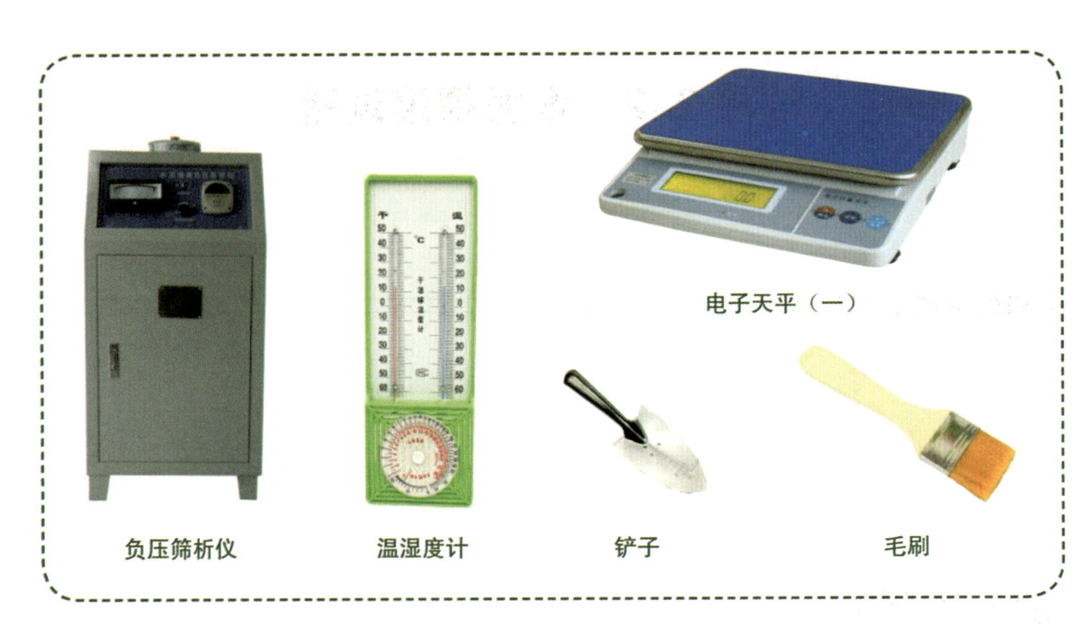
电子天平（一）
负压筛析仪
温湿度计
铲子
毛刷

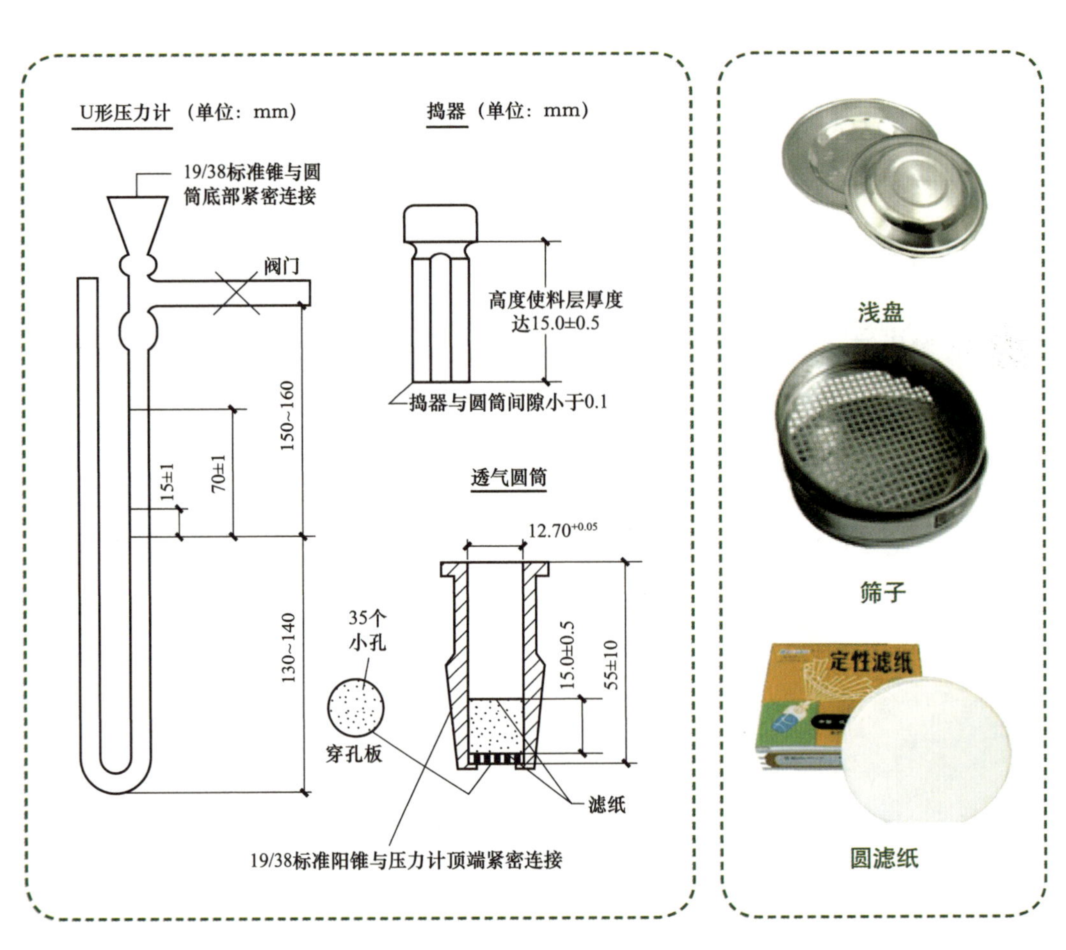
U形压力计（单位：mm）
19/38标准锥与圆筒底部紧密连接
阀门
150~160
70±1
15±1
130~140
捣器（单位：mm）
高度使料层厚度达15.0±0.5
捣器与圆筒间隙小于0.1
透气圆筒
12.70+0.05
35个小孔
穿孔板
15.0±0.5
55±10
滤纸
19/38标准阳锥与压力计顶端紧密连接
浅盘
筛子
定性滤纸
圆滤纸

烘箱

比表面积仪

电子天平（二）

真空干燥器

秒表

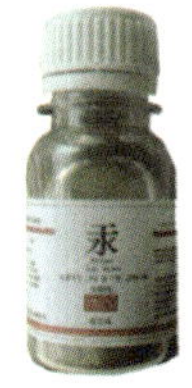

水银

试剂瓶

## 【试验模块】

### 1. 负压筛法试验步骤

（1）筛分析试验前，先将负压筛放在筛座上，盖上筛盖，接通电源，检查控制系统，调节负压至 4 000 ～ 6 000 Pa 范围内。

（2）80 μm 筛分析试验称取试样 $W$=25 g，45 μm 筛分析试验称取试样 $W$=10 g，精确至 0.01 g；置于洁净的负压筛中，盖上筛盖，并开动负压筛析仪连续筛 2 min，在此期间如有试样附着在筛盖上，可轻轻地敲击，使试样落下。筛毕，用天平称量筛余物 $R_t$，精确至 0.01 g 。

（3）重复步骤（1）～（2），对两次试验结果取算术平均值，计算筛余百分率，精确至 0.1%。

（4）试验筛修正系数（$C$）的测定方法。按照上述步骤（1）～（3），采用标准试样测定并计算，$C$ 值精确至 0.01。修正系数 $C$ 按照以下规定确定：两个试样结果的算术平均值为最终值，当两个试样筛余结果相差大于 0.3% 时，应称第三个试样进行试验，并取最接近的两个结果进行平均作为最终结果。$C$ 值超出 0.80 ～ 1.20 范围时，试验筛应予淘汰。

（5）本试验修正的方法是将筛余结果乘以该试验筛标定后得到的修正系数，即最终结果。

（6）试验完毕，将试验设备清理整洁，恢复原状，并按照要求填写试验记录表。

### 2. 勃氏法试验步骤

（1）漏气检查：将透气圆筒上口用橡皮塞塞紧，接到压力计上。用抽气装置从压力计一臂中抽出部分气体，然后关闭阀门，观察是否漏气。如发现漏气，可用活塞油脂加以密封。

（2）空隙率确定：P · Ⅰ、P · Ⅱ型水泥的空隙率采用 0.500±0.005，其他水泥或粉料的空隙率选用 0.530±0.005；当按上述空隙率不能将试样压至规定的位置时，则允许改变空隙率；空隙率的调整以 2 000 g 砝码（5 等砝码）将试样压实至规定的位置为准。

（3）试料层体积测定：用水银排代法，将两片滤纸沿圆筒壁放入透气圆筒孔板上，然后装满水银，用一小块薄玻璃轻轻压水银表面，使水银面与圆筒口平齐，并须保证在玻璃板和水银表面之间没有气泡或空洞存在，从圆筒中倒出水银，称量精确到 0.05 g，重复几次，测定到数值基本不变为止，然后从圆筒中取出一片滤纸，使用约 3.3 g 的水泥，按照要求压实水泥层，再在圆筒上部空间注入水银，同上述方法除去气泡压平，倒出水银称量，重复几次，直到水银称量值相差小于 50 mg 为止。

（4）确定试样量：根据试料层体积，采用公式计算试样量，结果精确到 0.001 g。

（5）试样准备：

1）将在 110 ℃ ±5 ℃ 温度下烘干并在干燥器中冷却到室温的标准试样，倒入 100 mL 的密闭瓶中，用力摇动 2 min，将结块成团的试样振碎，使试样松散，静置 2 min 后打开瓶盖，轻轻搅拌，使在松散过程中落到表面的细粉遍布整个试样。

2）水泥试样应先通过 0.9 mm 方孔筛，再在 110 ℃ ±5 ℃ 温度下烘干并在干燥器中冷却至室温。

（6）试料层制备：

1）将穿孔板放入透气圆筒的凸缘上，用捣棒把一片滤纸放到穿孔板上，将边缘放平并压紧。称取计算确定的试样量，精确到 0.001 g，倒入圆筒。轻敲圆筒的边，使水泥层表面平坦。再放入一片滤纸，用捣器均匀捣实试料，直至捣器的支持环与圆筒顶边接触，并旋转 1 ～ 2 圈，慢慢取出捣器。

2）穿孔板上的滤纸为 $\phi$12.7 mm 边缘光滑的圆形滤纸片。每次测定须用新的滤纸片。

（7）透气试验：

1．将装有试料层的透气圆筒下锥面涂一薄层活塞油脂，再将其插入压力计顶端锥形磨口处，旋转 1 ～ 2 圈。要保证制备试料层时紧密连接不漏气，并不振动。

2．打开微型电磁泵，慢慢从压力计一臂中抽出空气，直到压力计内液面上升到扩大部下端时关闭阀门。当压力计内液体的弯月面下降到第一条刻度线时开始计时，当液体的弯月面下降到第二条刻度线时停止计时，记录液面从第一条刻度线到第二条刻度线所需的时间 $T$，以 s 为单位记录，并记录试验时的温度（℃）。每次透气试验应重新制备试料层。

（8）比表面积计算。根据被测试样的试料层中空隙率、标准试样试料层中空隙率、试验时的温度与校准温度之差的不同，分别计算比表面积值，计算结果精确到 10 $cm^2$/g。

## 【公式图表模块】

**水泥细度试验常用公式**

| 指标名称 | 计算公式 | 字母含义 |
|---|---|---|
| 筛余百分率 | $F=\frac{R_t}{W}\times 100\%$ | $F$——水泥试样的筛余百分数（%）；<br>$R_t$——水泥筛余物的质量（g）；<br>$W$——水泥试样的质量（g）。<br>两次试验结果取平均值，精确到 0.1% |
| 试验筛修正系数 | $C=\frac{F_s}{F_t}$ | $C$——试验筛修正系数，精确到 0.01；<br>$F_s$——标准试样筛余标准值（%，标准粉瓶中注明）；<br>$F_t$——标准试样在试验筛上的筛余值（%） |
| 试料层体积 | $V=\frac{P_1+P_2}{\rho_{汞}}$ | $V$——试料层体积（$cm^3$），精确到 0.005 $cm^3$；<br>$P_1$——未装试样时充满圆筒的水银质量（g）；<br>$P_2$——装试样后充满圆筒的水泥质量（g）；<br>$\rho_{汞}$——试验温度下水银的密度（$g/cm^3$） |
| 标准试样质量 | $m=\rho V（1-\varepsilon）$ | $m$——称取水泥细度和比表面积标准试样的质量（g），精确到 0.001 g；<br>$\rho$——水泥细度和比表面积标准试样的密度（$g/cm^3$）；<br>$V$——透气圆筒的试料层体积，按 JC/T 956—2014 测定（$cm^3$）；<br>$\varepsilon$——试料层空隙率 |
| 被测试样比表面积 1 | $S=\frac{S_s\sqrt{T}}{\sqrt{T_s}}$ | $S$——被测试样的比表面积（$cm^2/g$），结果精确到 10 $cm^2/g$；<br>$S_s$——标准试样的比表面积（$cm^2/g$）；<br>$T$——被测试样试验时，压力计中液面降落测得时间（s）；<br>$T_s$——标准试样试验时，压力计中液面降落测得时间（s）。<br>当被测试样的密度、试料层中空隙率与标准样品相同，试验时的温度与校准温度之差≤ 3 ℃时，采用此公式 |
| 被测试样比表面积 2 | $S=\frac{S_s\sqrt{\eta_s}\sqrt{T}}{\sqrt{\eta}\sqrt{T_s}}$ | $\eta$——被测试样试验温度下的空气黏度（μPa · s）；<br>$\eta_s$——标准试样试验温度下的空气黏度（μPa · s）。<br>其他符号含义同上式。<br>当被测试样的密度、试料层中空隙率与标准试样相同，试验时的温度与校准温度之差 > 3 ℃时，采用此公式 |

续表

| 指标名称 | 计算公式 | 字母含义 |
| --- | --- | --- |
| 被测试样比表面积 3 | $S=\frac{S_s\sqrt{T}(1-\varepsilon_s)\sqrt{\varepsilon^3}}{\sqrt{T_s}(1-\varepsilon)\sqrt{\varepsilon_s^3}}$ | $\varepsilon$——被测试样试料层中的空隙率；<br>$\varepsilon_s$——标准试样试料层中的空隙率。<br>其他符号含义同上式。<br>当被测试样的试料层中空隙率与标准样品试料层中空隙率不同，试验时的温度与校准温度之差≤ 3 ℃时，采用此公式 |
| 被测试样比表面积 4 | $S=\frac{S_s\sqrt{\eta_s}\sqrt{T}(1-\varepsilon_s)\sqrt{\varepsilon^3}}{\sqrt{\eta}\sqrt{T_s}(1-\varepsilon)\sqrt{\varepsilon_s^3}}$ | 式中符号含义同上式。<br>当被测试样的试料层中空隙率与标准样品试料层中空隙率不同，试验时的温度与校准温度之差＞ 3 ℃时，采用此公式 |
| 被测试样比表面积 5 | $S=\frac{S_s\rho_s\sqrt{T}(1-\varepsilon_s)\sqrt{\varepsilon^3}}{\rho\sqrt{T_s}(1-\varepsilon)\sqrt{\varepsilon_s^3}}$ | $\rho$——被测试样密度（$g/cm^3$）；<br>$\rho_s$——标准试样密度（$g/cm^3$）；<br>其他符号含义同上式。<br>当被测试样的密度和空隙率均与标准试样不同，试验时的温度与校准温度之差≤ 3 ℃时，采用此公式 |
| 被测试样比表面积 6 | $S=\frac{S_s\rho_s\sqrt{\eta_s}\sqrt{T}(1-\varepsilon_s)\sqrt{\varepsilon^3}}{\rho\sqrt{\eta}\sqrt{T_s}(1-\varepsilon)\sqrt{\varepsilon_s^3}}$ | 式中符号含义同上式。<br>当被测试样的密度和空隙率均与标准试样不同，试验时的温度与校准温度之差＞ 3 ℃时，采用此公式 |

【试验考核模块】

| 班级 | | 姓名 | | 学号 | | 分组 | | 评分 | |
|---|---|---|---|---|---|---|---|---|---|

# 水泥试验记录及结果处理（二）

试验日期：__________ 试验温度（℃）：__________ 试验湿度（%）：__________

品种等级：____________________ 试验标准：____________________

试验仪器：________________________________________

样品描述：________________________________________

### 水泥细度（负压筛法）试验记录表

| 序号 | 水泥试样质量 $W$/g | 筛余物质量 $R_t$/g | 筛余百分数 $F$/% | 修正系数 $C$ | 修正后筛余百分数 $F_c$/% | |
|---|---|---|---|---|---|---|
| | | | | | 单值 | 平均值 |
| 1 | | | | | | |
| 2 | | | | | | |

### 水泥细度（勃氏法）试验记录表

| 序号 | 试料层体积 $V$/cm$^3$ | 试样质量 $m$/g | 标准试样比表面积 $S_s$/（m$^2$·kg$^{-1}$） | 标准试样试验时间 $T_s$/s | 被测试样试验时间 $T$/s | 标准试样试验温度 $t_s$/℃ | 被测试样试验温度 $t$/℃ | 标准试样试验温度下空气黏度 $\eta_s$/（μPa·s） | 被测试样试验温度下空气黏度 $\eta$/（μPa·s） | 比表面积 $S$/（m$^2$·kg$^{-1}$） | |
|---|---|---|---|---|---|---|---|---|---|---|---|
| | | | | | | | | | | 单值 | 平均值 |
| 1 | | | | | | | | | | | |
| 2 | | | | | | | | | | | |

# 试验 2-3　水泥标准稠度用水量、凝结时间、安定性试验

【知识模块】

### 1. 水泥标准稠度

水泥标准稠度净浆对标准试杆（或试锥）的沉入具有一定阻力。通过试验不同含水量水泥净浆的穿透性，可以确定水泥标准稠度净浆中所需加入的水量。

### 2. 凝结时间

凝结时间是指试针沉入水泥标准稠度净浆至一定深度所需的时间。

初凝时间是指从水泥加水拌和起，至水泥浆开始失去塑性所需的时间。

终凝时间是指从水泥加水拌和起，至水泥浆完全失去塑性并开始产生强度所需的时间。

### 3. 体积安定性

水泥体积安定性是指水泥在凝结硬化过程中体积变化是否均匀的性能。

雷氏法是通过测定水泥标准稠度净浆在雷氏夹中沸煮后试针的相对位移表征其体积膨胀的程度。

试饼法是通过观测水泥标准稠度净浆试饼煮沸后的外形变化情况表征其体积安定性。

## 【仪器模块】

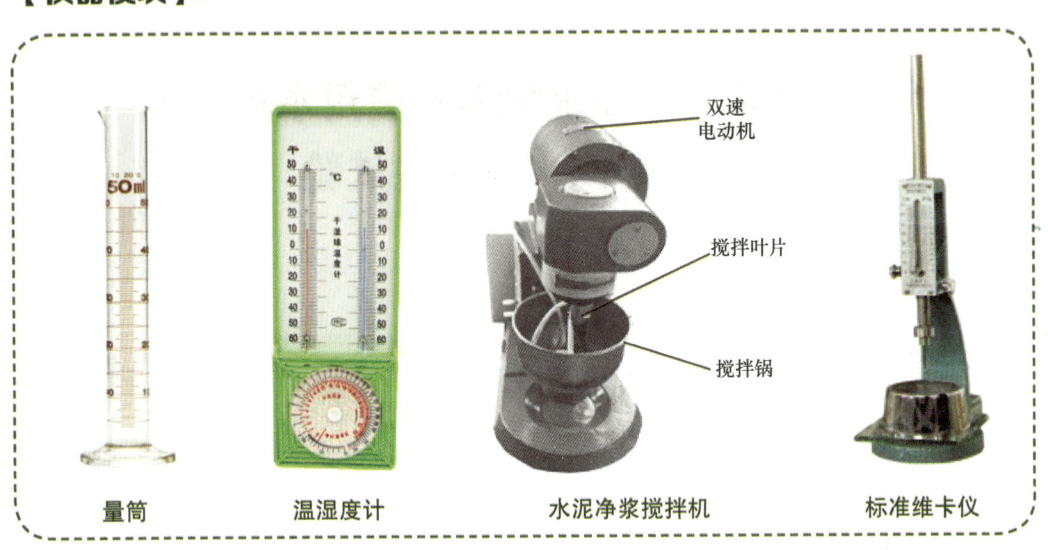

量筒　温湿度计　水泥净浆搅拌机　标准维卡仪

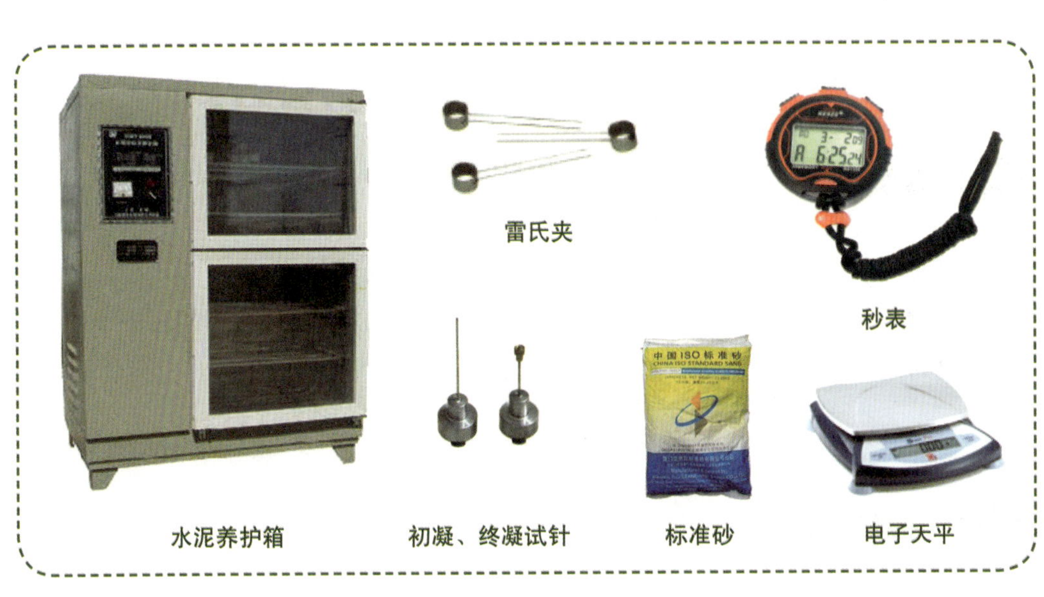
雷氏夹　秒表　水泥养护箱　初凝、终凝试针　标准砂　电子天平

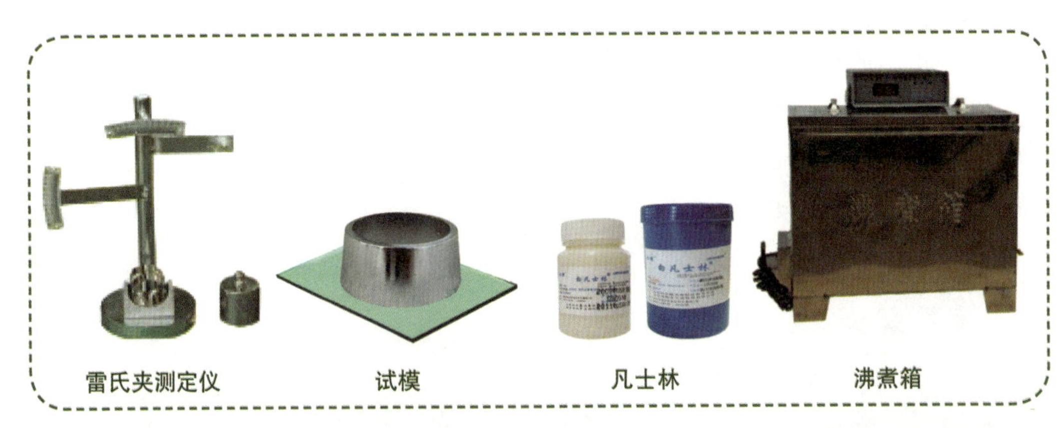
雷氏夹测定仪　试模　凡士林　沸煮箱

## 【试验模块】

### 1. 标准稠度用水量（标准法）试验步骤

（1）试验前准备工作：检查维卡仪滑动杆能否自由滑动；调整至试杆接触玻璃板时，指针对准零点；检查搅拌机运行是否正常。

（2）用水泥净浆搅拌机搅拌，搅拌锅和搅拌叶片先用湿布擦过，将拌合水倒入搅拌锅内，然后在 5 ～ 10 s 内小心将称好的 500 g 水泥加入水中，防止水和水泥溅出；拌合时，先将搅拌锅放在搅拌机的锅座上，升至搅拌位置，启动搅拌机，低速搅拌 120 s，停 15 s，同时将搅拌叶片和锅壁上的水泥浆刮入锅中间，接着高速搅拌 120 s 后停机。

（3）搅拌结束后，立即取适量水泥净浆一次性将其装入已置于玻璃底板上的试模，浆体超过试模上端，用宽约 25 mm 的直边刀轻轻拍打超出试模部分的浆体 5 次，以排除浆体中的孔隙，然后在试模上表面约 1/3 处，略倾斜于试模向外轻轻锯掉多余净浆，再从试模边沿轻抹顶部一次，使净浆表面光滑。在锯掉多余净浆和抹平的操作过程中，注意不要压实净浆；抹平后迅速将试模和底板移到维卡仪上，并将其中心定在试杆下，降低试杆直至与水泥净浆表面接触，拧紧螺钉 1 ～ 2 s 后，突然放松，使试杆垂直自由地沉入水泥净浆中。在试杆停止沉入或释放试杆 30 s 时，记录试杆距底板之间的距离，升起试杆后，立即擦净；整个操作应在搅拌后 1.5 min 内完成。

（4）以试杆沉入净浆并距底板 6 mm±1 mm 的水泥净浆为标准稠度净浆。其拌合水量为该水泥的标准稠度用水量（$P$），按水泥质量的百分比计，结果精确到 1%。

### 2. 凝结时间试验步骤

（1）试验前准备工作：调整凝结时间测定仪的试针接触玻璃板时指针对准零点。

（2）试件制备：以标准稠度用水量制成标准稠度净浆，按标准稠度用水量试验中的方法装模和刮平后，立即放入湿气养护箱中。记录水泥全部加入水中的时间，作为凝结时间的起始时间。

（3）初凝时间测定：试件在湿气养护箱中养护至加水后 30 min 时，进行第一次测定。测定时，从湿气养护箱中取出试模放到试针下，降低试针与水泥净浆表面接触。拧紧螺钉 1 ～ 2 s 后，突然放松，试针垂直自由地沉入水泥净浆。观察试针停止下沉或释放试针 30 s 时指针的读数。临近初凝时间时，每隔 5 min（或更短时间）测定一次，当试针沉至距底板 4 mm±1 mm 时，为水泥达到初凝状态；以水泥全部加入水中至初凝状态的时间为水泥的初凝时间，以 min 为单位。

（4）终凝时间测定：为了准确观测试针沉入的状况，在终凝试针上安装一个环形附件。在完成初凝时间测定后，立即将试模连同浆体以平移的方式从玻璃板上取下，翻转 180°，直径大端向上，小端向下放在玻璃板上，再放入湿气养护箱中继续养护。临近终凝时间时，每隔 15 min（或更短时间）测定一次，当试针沉入试体 0.5 mm 时，即环形附件开始不能在试体上留下痕迹时，为水泥达到终凝状态。以水泥全部加入水中至终凝状态的时间为水泥的终凝时间，以 min 为单位。

测定时应注意，在最初测定的操作时应轻轻扶持金属柱，使其徐徐下降，以防试针撞弯，但结果以自由下落为准；在整个测试过程中，试针沉入的位置至少要距试模内壁 10 mm。临近初凝时，每隔 5 min（或更短时间）测定一次，临近终凝时，每隔 15 min（或更短时间）测定一次，到达初凝时应立即重复测定一次，当两次结论相同时，才能确定到达初凝状态，到达终凝状态时，需要在试体另外两个不同点测试，确认结论相同才能确定到达终凝状态。每次测定时不能让试针落入原针孔，每次测试完毕须将试针擦净并将试模放回湿气养护箱，整个测试过程要防止试模受振。

### 3. 体积安定性（雷氏法）试验步骤

（1）试验前准备工作：每个试样需成型两个试件，每个雷氏夹需配备两个边长或直径约为 80 mm、厚度为 4 ～ 5 mm 的玻璃板，凡与水泥净浆接触的玻璃板和雷氏夹内表面都要稍稍涂上一层油。

（2）试件制备：将预先准备好的雷氏夹放在已稍擦油的玻璃板上，并立即将已制好的标准稠度净浆一次装满雷氏夹，装浆时一只手轻轻扶持雷氏夹，另一只手用宽约 25 mm 的直边刀在浆体表面轻轻插捣 3 次，然后抹平，盖上稍涂油的玻璃板，接着立即将试件移至湿气养护箱内养护 24 h±2 h。

（3）沸煮：调整好沸煮箱内的水位，使其能保证在整个沸煮过程中都超过试件，不需中途添补试验用水，同时又能保证在 30 min±5 min 内升至沸腾；脱去玻璃板取下试件，先测量雷氏夹指针尖端间的距离（$A$），精确到 0.5 mm，接着将试件放入沸煮箱水中的试件架上，指针朝上，然后在 30 min±5 min 内加热至沸腾并恒沸 180 min±5 min。

（4）结果判断：沸煮结束后，立即放掉沸煮箱中的热水，打开箱盖，待箱体冷却至室温，取出试件进行判别。测量雷氏夹指针尖端的距离（$C$），准确到 0.5 mm，当两个试件沸煮后增加距离（$C–A$）的平均值不大于 5.0 mm 时，即认为该水泥安定性合格，当两个试件沸煮后增加距离（$C–A$）的平均值大于 5.0 mm 时，应用同一试件立即重做一次试验，以复检结果为准。

### 4. 标准稠度用水量（代用法）试验步骤

（1）试验前准备工作：检查维卡仪的试杆能否自由滑动；调整至试锥接触锥模顶

面时指针对准零点；检查搅拌机运行是否正常。

（2）用水泥净浆搅拌机搅拌，搅拌锅和搅拌叶片先用湿布擦过，将拌合水倒入搅拌锅内，然后在 5 ～ 10 s 内小心将称好的 500 g 水泥加入水中，防止水和水泥溅出；拌和时，先将搅拌锅放在搅拌机的锅座上，升至搅拌位置，启动搅拌机，低速搅拌 120 s，停 15 s，同时将搅拌叶片和锅壁上的水泥浆刮入锅中间，接着高速搅拌 120 s 后停机。

（3）拌和结束后，立即将拌制好的水泥净浆装入锥模，用宽约 25 mm 的直边刀在浆体表面轻轻插捣 5 次，再轻振 5 次，刮去多余的净浆；抹平后迅速放到试锥下面固定的位置上，将试锥降至净浆表面，拧紧螺钉 1 ～ 2 s 后，突然放松，让试锥垂直自由地沉入水泥净浆中。到试锥停止下沉或释放试锥 30 s 时记录试锥下沉深度。整个操作应在搅拌后 1.5 min 内完成。

（4）调整水量法：以试锥下沉深度为 30 mm±1 mm 时的净浆为标准稠度净浆。其拌合水量为该水泥的标准稠度用水量（$P$），按水泥质量的百分比计。如试锥下沉深度超出范围需另称试样，调整水量，重新试验，直至试锥下沉深度达到 30 mm±1 mm 为止。

（5）不变水量方法：测定时，根据下式（或仪器上对应标尺）计算得到标准稠度用水量 $P$。当试锥下沉深度小于 13 mm 时，应改用调整水量法测定：

$$P=33.4-0.185S$$

式中 $P$——标准稠度用水量（%）；

$S$——试锥下沉深度（mm）。

## 5. 体积安定性（试饼法）试验步骤

（1）试验前准备工作：每个试样均需准备两块边长约为 100 mm 的玻璃板，凡与水泥净浆接触的玻璃板都要稍稍涂上一层油。

（2）试饼制备：将制好的标准稠度净浆取出一部分分成两等份，使之呈球形，放在预先准备好的玻璃板上，轻轻振动玻璃板并用湿布擦过的小刀由边缘向中央抹，做成直径为 70 ～ 80 mm、中心厚度约为 10 mm、边缘渐薄、表面光滑的试饼，接着将试饼放入湿气养护箱内养护 24 h±2 h。

（3）沸煮：调整好沸煮箱内的水位，使其能保证在整个沸煮过程中都超过试件，不需中途添补试验用水，同时又能保证在 30 min±5 min 内升至沸腾；脱去玻璃板取下试饼，在试饼无缺陷的情况下将试饼放在沸煮箱水中的篦板上，在 30 min±5 min 内加热至沸腾并恒沸 180 min±5 min。

（4）结果判断：沸煮结束后，立即放掉沸煮箱中的热水，打开箱盖，待箱体冷却至室温，取出试件进行判别。目测试饼未发现裂缝，用钢直尺检查也没有弯曲（使钢直尺和试饼底部紧靠，以两者间不透光为不弯曲）的试饼为安定性合格，反之为不合格。当两个试饼判别结果有矛盾时，该水泥的安定性为不合格。

## 6. 水泥胶砂试件的养护

（1）脱模前的养护：去掉留在试模四周的胶砂。立即将做好标记的试模放入雾室或湿箱的水平架上养护，湿空气应能与试模各边接触。养护时不应将试模放在其他试模上。一直养护到规定的脱模时间时取出脱模。

（2）脱模：脱模应非常小心。对于 24 h 龄期的，应在成型试验前 20 min 内脱模；对于 24 h 以上龄期的，应在成型后 20 ～ 24 h 脱模。

注：经 24 h 养护，脱模会对强度造成损害时，可以延迟到 24 h 以后脱模，但在试验报告中应予说明。

已确定作为 24 h 龄期试验（或其他不下水直接做试验）的已脱模试体，应用湿布覆盖至开始试验为止。

（3）水中养护：将做好标记的试件立即水平或竖直放在温度为 20 ℃ ±1 ℃的水中养护，水平放置时刮平面应朝上。试件放在不易腐烂的篦子上，并彼此保持一定间距，以让水与试件的六个面接触。养护期间试件的间隔或试体上表面的水深不得小于 5 mm。每个养护池只养护同类型的水泥试件。最初用自来水装满养护池（或容器），之后随时加水保持适当的恒定水位，不允许在养护期间全部换水。除 24 h 龄期或延迟至 48 h 脱模的试件外，任何到龄期的试件应在试验（破型）前 15 min 从水中取出。擦去试件表面的沉积物，并用湿布覆盖至开始试验为止。

（4）强度试验试件的龄期：24 h±15 min；48 h±30 min；72 h±45 min；7 d±2 h；>28 d±8 h。

## 【试验考核模块】

| 班级 | | 姓名 | | 学号 | | 分组 | | 评分 | |
|---|---|---|---|---|---|---|---|---|---|

# 水泥试验记录及结果处理（三）

试验日期：__________ 试验温度（℃）：__________ 试验湿度（%）：__________

品种等级：______________________ 试验标准：______________________________

试验仪器：________________________________________________________________

样品描述：________________________________________________________________

### 标准稠度用水量试验记录表

| 序号 | 测定方法 | 试样质量 $W$/g | 拌合水量 /mL | 试杆距底板距离 $S$/mm | 试杆下沉深度 $S$/mm | 标准稠度用水量 $P$/% |
|---|---|---|---|---|---|---|
| 1 | | | | | | |
| 2 | | | | | | |

### 凝结时间试验记录表

| 水泥全部入水时刻（h：min） | 凝结过程 | 初凝时间测定（h：min） | | | | | | 终凝时间测定（h：min） | | | | | | 凝结时间 /min | |
|---|---|---|---|---|---|---|---|---|---|---|---|---|---|---|---|
| | 测次 | 1 | 2 | 3 | 4 | 5 | 6 | 1 | 2 | 3 | 4 | 5 | 6 | | |
| | 测时 | | | | | | | | | | | | | 初凝 | 终凝 |
| 试针距底板（面）距离 /mm | | | | | | | | | | | | | | | |

### 水泥体积安定性（标准法）试验记录表

| 测定方法 | 制作日期 | 测定日期 | 试件沸煮 / 压蒸前后情况 | | | | | 测定结果 |
|---|---|---|---|---|---|---|---|---|
| 试饼法 | | | | | | | | |
| 雷氏法 | | | 试件号 | $A$ 值 /mm | $C$ 值 /mm | （$C$–$A$）值 /mm | | |
| | | | | | | 单值 | 平均值 | |
| | | | 1 | | | | | |
| | | | 2 | | | | | |

# 试验 2–4　水泥胶砂流动度及水泥胶砂强度试验

## 【知识模块】

### 1. 水泥胶砂试件制作试验

水泥胶砂强度是评价水泥质量的重要指标，是划分水泥强度等级的依据。试验采用 40 mm×40 mm×160 mm 棱柱试件（图 2–1）。试件由按质量计的 1 份水泥、3 份中国 ISO 标准砂，用 0.5 的水胶比拌制的一组塑性胶砂制成。胶砂用行星式胶砂搅拌机搅拌，在胶砂振实台上成型，也可在频率为 2 800 ～ 3 000 次 /min、振幅为 0.75 mm 的振动台上成型。

图 2–1　水泥试件

### 2. 水泥胶砂流动度试验

水泥胶砂流动度试验是通过测量一定配比的水泥胶砂在规定振动状态下的扩展范围来衡量其流动性（图 2–2）。

图 2–2　水泥胶砂流动度

试模由截锥圆模和模套组成。模套由金属材料制成，内表面加工光滑。圆模尺寸：高度为 60 mm±0.5 mm；上口内径为 70 mm±0.5 mm；下口内径为 100 mm±0.5 mm；下口外径为 120 mm；模壁厚大于 5 mm。

### 3. 水泥胶砂强度试验

水泥胶砂强度试验是将胶砂试体连模一起在湿气中养护 24 h，然后脱模在水中养护至试验，到试验龄期时将试体从水中取出，先进行抗折强度试验，折断后每截再进行抗压强度试验。

## 【仪器模块】

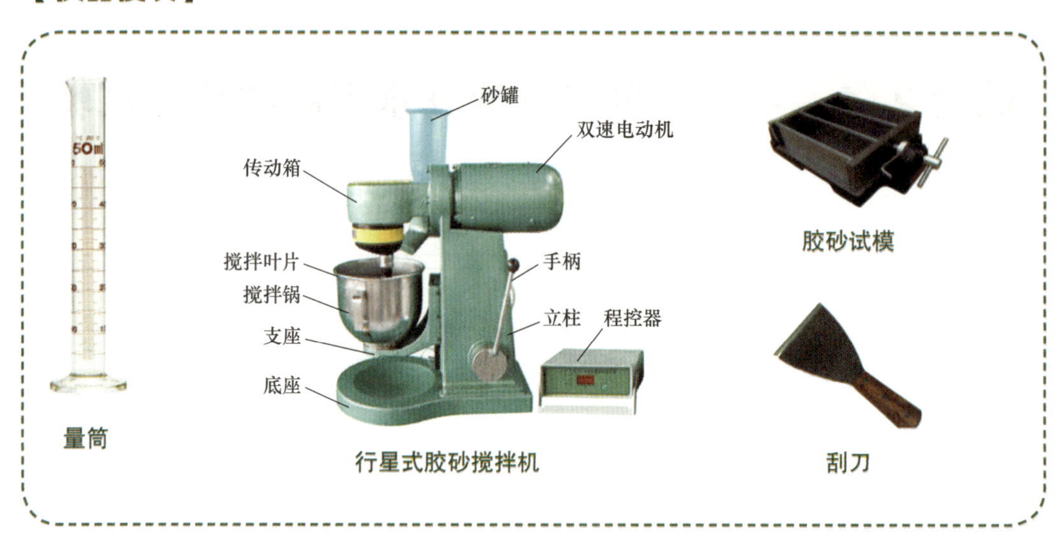


量筒　行星式胶砂搅拌机　胶砂试模　刮刀

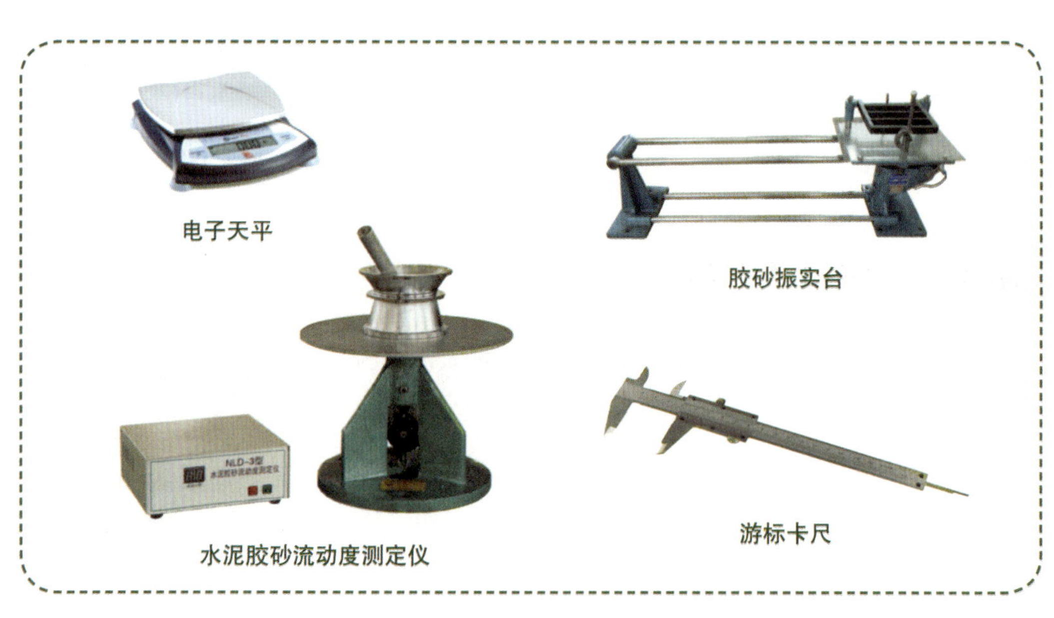


电子天平　胶砂振实台　水泥胶砂流动度测定仪　游标卡尺

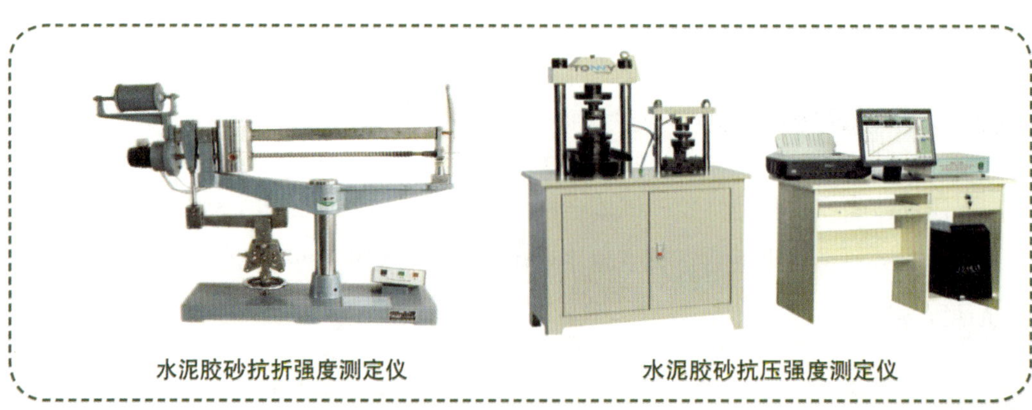

水泥胶砂抗折强度测定仪　水泥胶砂抗压强度测定仪

## 【试验模块】

### 1. 水泥胶砂试件制作试验步骤

（1）试验前准备工作：试件成型试验室的温度应保持在 20 ℃ ±2 ℃，相对湿度应不低于 50%；胶砂搅拌机和振实台应运转正常，参数应符合规范要求。

（2）称取水泥试件配料：水泥 450 g±2 g，标准砂 1350 g±5 g，水 225 mL±1 mL，其中称量用的天平精度应为 ±1 g，滴管精度应达到 ±1 mL。

（3）搅拌：将水加入锅里，再加入水泥，将锅放在固定架上，上升至固定位置，然后立即开动机器，低速搅拌 30 s 后，在第二个 30 s 开始的同时均匀地将砂子加入。当各级砂是分装时，从最粗粒级开始，依次将所需的每级砂量加完。将机器转至高速再搅拌 30 s。停拌 90 s，在第 1 个 15 s 内，用胶皮刮具将叶片和锅壁上的胶砂刮至锅中间。在高速下继续搅拌 60 s。各个搅拌阶段的时间误差应在 ±1 s 以内。

（4）成型：将空试模和模套固定在振实台上，用一个合适的勺子直接从搅拌锅里将胶砂分两层装入试模，装第一层时，每个槽里约放 300 g 胶砂，用大播料器垂直架在模套顶部沿每个模槽来回一次将料层播平，接着振实 60 次。再装入第二层胶砂，用小播料器播平，再振实 60 次。移走模套，从振实台上取下试模，用金属直尺以近似 90° 的角度架在试模模顶的一端，然后沿试模长度方向以横向锯割动作慢慢向另一端移动，一次性将超过试模部分的胶砂刮去，并用同一金属直尺以近水平的角度将试体表面抹平。在试模上做标记或加字条标明试件编号和试件相对振实台的位置。

### 2. 水泥胶砂流动度试验步骤

（1）如跳桌在 24 h 内未被使用，先空跳一个周期（25 次）。

（2）胶砂制备：按 ISO 法或设计的有关规定进行。在制备胶砂的同时，用潮湿棉布擦拭跳桌台面、试模内壁、捣棒及与胶砂接触的用具，将试模放在跳桌台面中央并用潮湿棉布覆盖。

（3）将拌好的胶砂分两层迅速装入试模，第一层装至截锥圆模高度的约 2/3 处，用小刀在相互垂直的两个方向各划 5 次，用捣棒由边缘至中心均匀捣压 15 次；随后，装第二层胶砂，装至高出截锥圆模约 20 mm，用小刀在相互垂直的两个方向各划 5 次，再用捣棒由边缘至中心均匀捣压 10 次。捣压后胶砂应略高于试模。捣压深度：第一层捣至胶砂高度的 1/2，第二层捣实不超过已捣实底层表面。装胶砂和捣压时，用手扶稳试模，不要使其移动。

（4）捣压完毕，取下模套，将小刀倾斜，从中间向边缘分两次以近水平的角度抹去高出截锥圆模的胶砂，并擦去落在桌面上的胶砂。将截锥圆模垂直向上轻轻提起。立刻开动跳桌，以每秒一次的频率，在 25 s±1 s 内完成 25 次跳动。

（5）进行水泥胶砂流动度试验，从胶砂加水开始到测量扩散直径结束，应在 6 min 内完成。

（6）跳动完毕，用卡尺测量胶砂底面互相垂直的两个方向的直径，计算平均值，取整数。该平均值即该水量的水泥胶砂流动度。

### 3. 水泥胶砂强度试验步骤

（1）试验前准备工作：试件应在试验（破型）前 15 min 从水中取出，擦去试件表面的沉积物，并用湿布覆盖至开始试验为止。

（2）抗折强度测定：将试件一个侧面放在试验机支撑圆柱上，试件长轴垂直于支撑圆柱，通过加荷圆柱以 50 N/s±10 N/s 的速率均匀地将荷载垂直地加在棱柱体相对侧面上，直至折断，记下抗折破坏荷载 $F_f$。

（3）抗压强度测定：取抗折破坏后的半截棱柱体放在抗压设备内，控制半截棱柱体中心与压力机压板受压中心间距在 ±0.5 mm 内，棱柱体露在压板外的部分约为 10 mm。在整个加荷过程中，以 2 400 N/s±200 N/s 的速率均匀地加荷直至破坏，记录抗压破坏荷载 $F_c$。

（4）计算结果：将抗折破坏荷载和抗压破坏荷载分别代入相应公式计算抗折强度和抗压强度，记录至 0.1 MPa，计算结果精确到 0.1 MPa。

（5）强度评定：以 1 组 3 个棱柱体抗折结果的平均值作为试验结果，当 3 个强度值中有超出平均值 ±10% 的强度值时，应剔除后再取平均值作为抗折强度试验结果；以 1 组 3 个棱柱体上得到的 6 个抗压强度测定值的算术平均值为试验结果；如 6 个测定值中有 1 个测定值超出 6 个测定值平均值的 ±10%，就应剔除这个结果，而以剩下 5 个测定值的平均值为结果，如果 5 个测定值中再有超过其平均值 ±10% 的，则此组结果作废。

## 【公式图表模块】

| 指标名称 | 计算公式 | 字母含义 |
| --- | --- | --- |
| 抗折强度 $R_f$ | $R_f=\frac{1.5F_fL}{b^3}$ | $F_f$——折断时施加于棱柱体中部的荷载（N）；<br>$L$——支撑圆柱之间的距离（mm）；<br>$b$——棱柱体正方形截面的边长（mm） |
| 抗压强度 $R_c$ | $R_c=\frac{F_c}{A}$ | $F_c$——破坏时的最大荷载（N）；<br>$A$——受压部分面积（$mm^2$） |

## 【试验考核模块】

| 班级 | | 姓名 | | 学号 | | 分组 | | 评分 | |
|---|---|---|---|---|---|---|---|---|---|

# 水泥试验记录及结果处理（四）

试验日期：__________ 试验温度（℃）：__________ 试验湿度（%）：__________

品种等级：____________________ 试验标准：____________________

试验仪器：________________________________________

样品描述：________________________________________

### 水泥胶砂强度及水泥胶砂流动度试验记录表

| 序号 | 水胶比 | 水泥质量 /g | 标准砂质量 /g | 水质量 /g | 水泥胶砂流动度 /mm | | |
|---|---|---|---|---|---|---|---|
| | | | | | 流动度值 1 | 流动度值 2 | 平均值 |
| 1 | | | | | | | |
| 2 | | | | | | | |
| 3 | | | | | | | |

### 水泥胶砂强度试验记录表

| 制件日期 | 试验日期 | 龄期 /d | 抗折破坏荷载 /N | 抗折强度 /MPa | 平均抗折强度 /MPa | 抗压破坏荷载 /N | 抗压强度 /Mpa | 平均抗压强度 /MPa |
|---|---|---|---|---|---|---|---|---|
| | | | | | | | | |
| | | | | | | | | |
| | | | | | | | | |
| | | | | | | | | |
| | | | | | | | | |
| | | | | | | | | |
| | | | | | | | | |
| | | | | | | | | |
| | | | | | | | | |
| | | | | | | | | |
| | | | | | | | | |
| | | | | | | | | |

# 试验 3 混凝土用骨料试验

## 【知识模块】

### 1. 骨料级配

骨料级配就是组成骨料的不同粒径颗粒的比例关系（图 3-1 和图 3-2）。骨料级配主要分为连续级配和间断级配（单粒级）。连续级配主要指在最大粒径以下，依次序有其他相应粒级的颗粒，且不得间断，以期能充分填充骨料间的空隙；间断级配是指在连续级配中缺少其中一级或几级中间粒级。

图 3-1　细骨料（砂子）：粒径小于 4.75 mm

图 3-2　粗骨料（石子）：粒径大于 4.75 mm

### 2. 细度模数

（1）计算分计筛余百分率：分计筛余百分率是指各号筛上的分计筛余量与试样总量相比的百分率，精确到 0.1%。

（2）计算累计筛余百分率：每号筛上的分计筛余百分率加上该号筛以上各分计筛余百分率之和，即累计筛余百分率，精确到 0.1%。筛分后，当各号筛的分计筛余量与筛底的量之和同原试样质量之差超过 1% 时，须重新试验。

（3）砂的细度模数按下式计算，精确到 0.1：

$$M_x=\frac{(A_2+A_3+A_4+A_5+A_6)-5A_1}{100-A_1}$$

式中　$M_x$——细度模数；

$A_1$，…，$A_6$——4.75、2.36、1.18、0.60、0.30、0.15（mm），筛的累计筛余百分率。

（4）累计筛余百分率取两次试验结果的算术平均值，精确到1%。细度模数取两次试验结果的算术平均值，精确到0.1；若两次试验的细度模数之差超过0.20，须重新试验。

### 3．骨料筛

细骨料筛分使用孔径为4.75、2.36、1.18、0.60、0.30、0.15（mm）的方孔筛（图3-3）。

粗骨料筛分使用孔径为2.36、4.75、9.50、16.0、19.0、26.5、31.5、37.5、53.0、63.0、75.0、90.0（mm）的方孔筛，均需附有筛底和筛盖（图3-4）。

图3-3　细骨料筛

图3-4　粗骨料筛

## 【仪器模块】

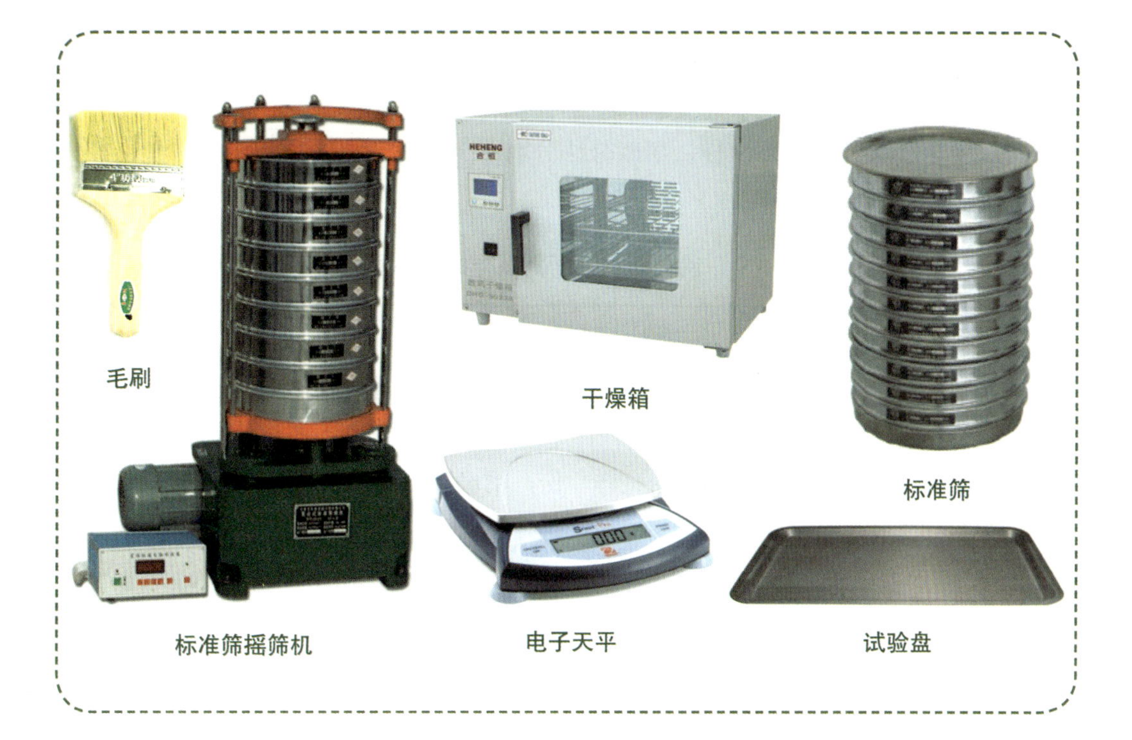

## 【试验模块】

### 1. 粗骨料筛分析试验步骤

（1）按规定取样及制备试样，用四分法分取不少于表 3–1 所示的试样质量，经烘干或风干后备用。

表 3–1　筛分析试验所需试样的最小质量

| 最大粒径 /mm | 9.5 | 16.0 | 19.0 | 26.5 | 31.5 | 37.5 | 63.0 | 75.0 |
| --- | --- | --- | --- | --- | --- | --- | --- | --- |
| 最小试样质量 /kg | 1.9 | 3.2 | 3.8 | 5.0 | 6.3 | 7.5 | 12.6 | 16.0 |

（2）称取表 3–1 所示规定质量的试样一份，精确到 1 g。将试样倒入按孔径大小从上到下组合的套筛上。

（3）将套筛放在摇筛机上，摇 10 min；取下套筛，再按筛孔大小顺序逐个进行手筛，筛至每分钟通过量小于试样总量的 0.1% 为止。通过的颗粒并入下一号筛中，并和下一号筛中的试样一起过筛，直至各号筛全部筛完。当筛余颗粒的粒径大于 19.0 mm 时，在筛分过程中允许用手指拨动颗粒。

（4）称出各号筛的筛余量，精确到 1 g。筛分后，若所有筛余量与筛底的试样之和与原试样总量相差超过 1%，则须重新试验。

### 2. 细骨料筛分析试验步骤

（1）按规定取样及制备试样，用四分法分取不少于 4 400 g 的试样，并将试样缩分至约 1 100 g，放在烘箱中于 105 ℃ ±5 ℃的温度下烘干至恒量，待冷却至室温后，筛除粒径大于 9.50 mm 的颗粒（并计算出其筛余百分率），分为大致相等的两份备用。

（2）准确称取试样 500 g，精确到 1 g。

（3）将标准筛按孔径由大到小的顺序叠放，加底盘后，将称好的试样倒入最上层的 4.75 mm 筛内，加盖后置于摇筛机上，摇 10 min。

（4）将套筛自摇筛机上取下，再按筛孔大小顺序逐个进行手筛，筛至每分钟通过量小于试样总量的 0.1% 为止。通过的颗粒并入下一号筛中，并和下一号筛中的试样一起过筛，按这样的顺序进行，直至各号筛全部筛完为止。

（5）称取各号筛上的筛余量，试样在各号筛上的筛余量不得超过 200 g，否则应将筛余试样分成两份，再进行筛分，并以两次筛余量之和作为该号筛的筛余量。

## 【公式图表模块】

### 1. 粗骨料颗粒级配

粗骨料颗粒级配

| 公称粒级/mm | | 累计筛余 /% | | | | | | | | | | | |
|---|---|---|---|---|---|---|---|---|---|---|---|---|---|
| | | 方孔筛 /mm | | | | | | | | | | | |
| | | 2.36 | 4.75 | 9.50 | 16.0 | 19.0 | 26.5 | 31.5 | 37.5 | 53.0 | 63.0 | 75.0 | 90 |
| 连续粒级 | 5～16 | 95～100 | 85～100 | 30～60 | 0～10 | 0 | — | — | — | — | — | — | — |
| | 5～20 | 95～100 | 90～100 | 40～80 | — | 0～10 | 0 | — | — | — | — | — | — |
| | 5～25 | 95～100 | 90～100 | — | 30～70 | — | 0～5 | 0 | — | — | — | — | — |
| | 5～31.5 | 95～100 | 90～100 | 70～90 | — | 15～45 | — | 0～5 | 0 | — | — | — | — |
| | 5～40 | | 95～100 | 70～90 | — | 30～65 | — | — | 0～5 | 0 | — | — | — |
| 单粒粒级 | 5～10 | 95～100 | 80～100 | 0～15 | 0 | — | — | — | — | — | — | — | — |
| | 10～16 | — | 95～100 | 80～100 | 0～15 | — | — | — | — | — | — | — | — |
| | 10～20 | — | 95～100 | 85～100 | — | 0～15 | 0 | — | — | — | — | — | — |
| | 16～25 | — | | 95～100 | 55～70 | 25～40 | 0～10 | — | — | — | — | — | — |
| | 16～31.5 | — | 95～100 | — | 85～100 | — | — | 0～10 | 0 | — | — | — | — |
| | 20～40 | — | — | 95～100 | — | 80～100 | — | — | 0～10 | 0 | — | — | — |
| | 20～80 | — | — | — | — | 95～100 | — | — | 70～100 | | 30～60 | 0～10 | 0 |

### 2. 细骨料颗粒级配

细骨料颗粒级配

| 砂的分类 | 天然砂 | | | | 机制砂 | |
|---|---|---|---|---|---|---|
| 级配区 | 1 区 | 2 区 | 3 区 | 1 区 | 2 区 | 3 区 |
| 方孔筛 | 累计筛余 /% | | | | | |
| 4.75 mm | 10～0 | 10～0 | 10～0 | 10～0 | 10～0 | 10～0 |
| 2.36 mm | 35～5 | 25～0 | 15～0 | 35～5 | 25～0 | 15～0 |

续表

| 砂的分类 | 天然砂 | | | 机制砂 | | |
| --- | --- | --- | --- | --- | --- | --- |
| 级配区 | 1 区 | 2 区 | 3 区 | 1 区 | 2 区 | 3 区 |
| 方孔筛 | 累计筛余 /% | | | | | |
| 1.18 mm | 65 ～ 35 | 50 ～ 10 | 25 ～ 0 | 65 ～ 35 | 50 ～ 10 | 25 ～ 0 |
| 600 μm | 85 ～ 71 | 70 ～ 41 | 40 ～ 16 | 85 ～ 71 | 70 ～ 41 | 40 ～ 16 |
| 300 μm | 95 ～ 80 | 92 ～ 70 | 85 ～ 55 | 95 ～ 80 | 92 ～ 70 | 85 ～ 55 |
| 150 μm | 100 ～ 90 | 100 ～ 90 | 100 ～ 90 | 97 ～ 85 | 94 ～ 80 | 94 ～ 75 |

## 3. 细骨料级配曲线

细骨料级配曲线如图 3-5 所示。

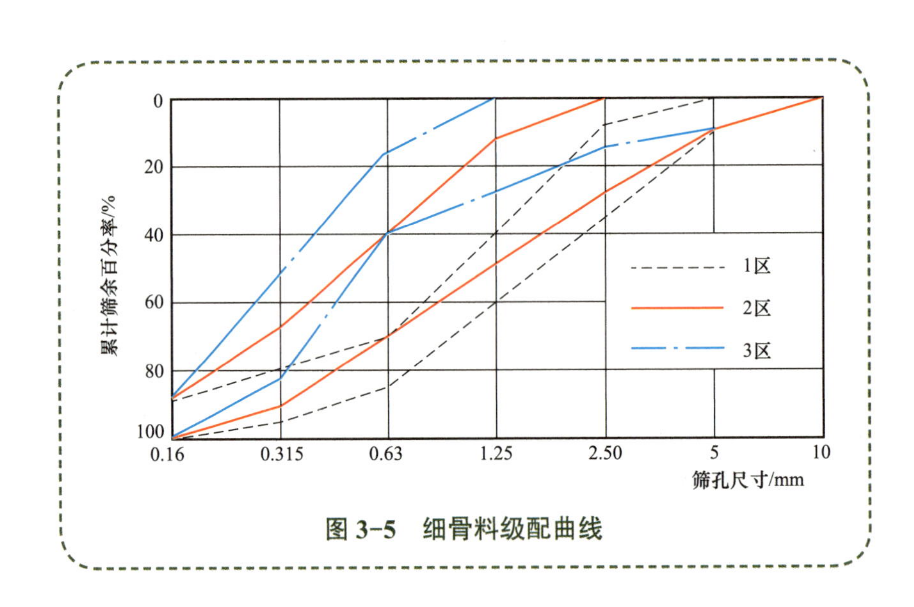


图 3-5　细骨料级配曲线

【试验考核模块】

| 班级 | | 姓名 | | 学号 | | 分组 | | 评分 | |
|---|---|---|---|---|---|---|---|---|---|

## 混凝土用骨料试验结果处理（一）

试验日期：__________ 试验温度（℃）：__________ 试验湿度（%）：__________

品种等级：____________________ 试验标准：____________________

试验仪器：______________________________________________

样品描述：______________________________________________

（1）石子筛分析试验记录。

称取试样质量__________ g，计算分计筛余百分率，计算各号筛上的累计筛余百分率，由累计筛余百分率评定该试样的颗粒级配。

**石子筛分析试验记录**

| 筛孔尺寸 /mm | | 90.0 | 75.0 | 63.0 | 53.0 | 37.5 | 31.5 | 26.5 | 19.0 | 16.0 | 9.5 | 4.75 | 2.36 |
|---|---|---|---|---|---|---|---|---|---|---|---|---|---|
| 分计筛余 | g | | | | | | | | | | | | |
| | % | | | | | | | | | | | | |
| 累计筛余百分率 /% | | | | | | | | | | | | | |
| 标准颗粒级配累计筛余百分率 /% | | | | | | | | | | | | | |
| 结果评定 | 最大粒径 /mm | | | | | | | | | | | | |
| | 级配情况 | | | | | | | | | | | | |

## 【试验考核模块】

| 班级 | | 姓名 | | 学号 | | 分组 | | 评分 | |
|---|---|---|---|---|---|---|---|---|---|

# 混凝土用集料试验结果处理（二）

试验日期：__________ 试验温度（℃）：__________ 试验湿度（%）：__________

品种等级：______________________ 试验标准：______________________________

试验仪器：________________________________________________________________

样品描述：________________________________________________________________

（2）砂子筛分析试验记录（准确称取干砂试样 500 g，精确到 1 g）。

**砂子筛分析试验记录**

| Ⅰ试样质量 | | 质量损失率 /% | | Ⅱ试样质量 /g | | 质量损失率 /% | |
|---|---|---|---|---|---|---|---|
| 筛孔尺寸 /mm | 筛余质量 /g | | 分计筛余百分率 /% | | 累计筛余百分率 /% | | |
| | Ⅰ | Ⅱ | Ⅰ | Ⅱ | Ⅰ | Ⅱ | 平均值 |
| 4.75 | | | | | | | |
| 2.36 | | | | | | | |
| 1.18 | | | | | | | |
| 0.60 | | | | | | | |
| 0.30 | | | | | | | |
| 0.15 | | | | | | | |
| 筛底 | | | | | | | |

1）计算砂细度模数 $M_x$，按细度模数大小评定砂粗细程度等级。

砂粗细程度：

2）绘制砂的筛分曲线图。

要求 1：按建筑用砂颗粒级配区的规定，在图中画出砂Ⅰ、Ⅱ、Ⅲ级配区曲线。

要求 2：根据砂的累计筛余百分率，在图中绘出筛分曲线。

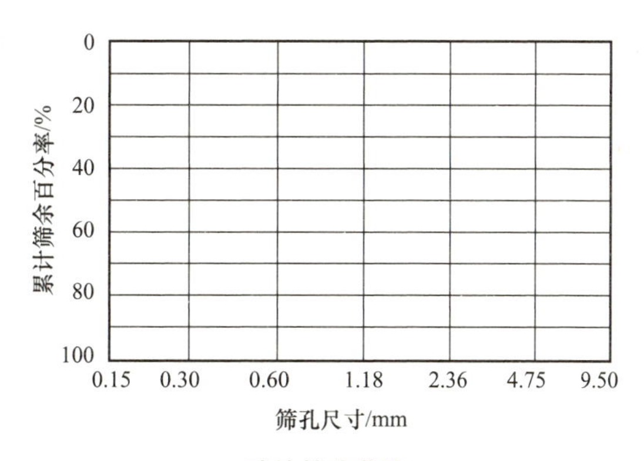


砂的筛分曲线

要求 3：经分析，该砂的筛分曲线在________区，级配________（合格 / 不合格）。

# 试验 4 普通混凝土配合比设计及试验

## 试验 4-1　普通混凝土配合比设计及试验（一）

【知识模块】

### 1. 配合比设计

混凝土配合比设计应满足混凝土配制强度及其他力学性能、拌合物性能、长期性能和耐久性能的设计要求，应采用工程实际使用的原材料，并应满足国家现行标准的有关要求（图 4-1）。配合比设计应以干燥状态骨料为基准，细骨料含水率应小于 0.5%，粗骨料含水率应小于 0.2%。

图 4-1　混凝土拌合物

### 2. 坍落度试验

混凝土坍落度主要是指混凝土的塑化性能和可泵性能，即混凝土的和易性。具体来说就是为保证施工的正常进行，混凝土应具备的保水性、流动性和黏聚性。

本试验方法适用于骨料最大公称粒径不大于 40 mm、坍落度不小于 10 mm 的混凝土拌合物坍落度的测定。

### 3. 维勃稠度试验

维勃稠度的测试方法是将混凝土拌合物按一定方法装入坍落度筒，按一定方法捣实，装满刮平后，将坍落度筒垂直向上提起，将透明圆盘转到混凝土圆台体顶面，开启振动台并计时，记录当透明圆盘底面布满水泥浆时所用时间，秒表记录的时间即该混凝土拌合物的维勃稠度值。此方法适用于骨料最大粒径不大于 40 mm、维勃稠度为 5 ～ 30 s 的混凝土拌合物维勃稠度的测定。

## 【仪器模块】

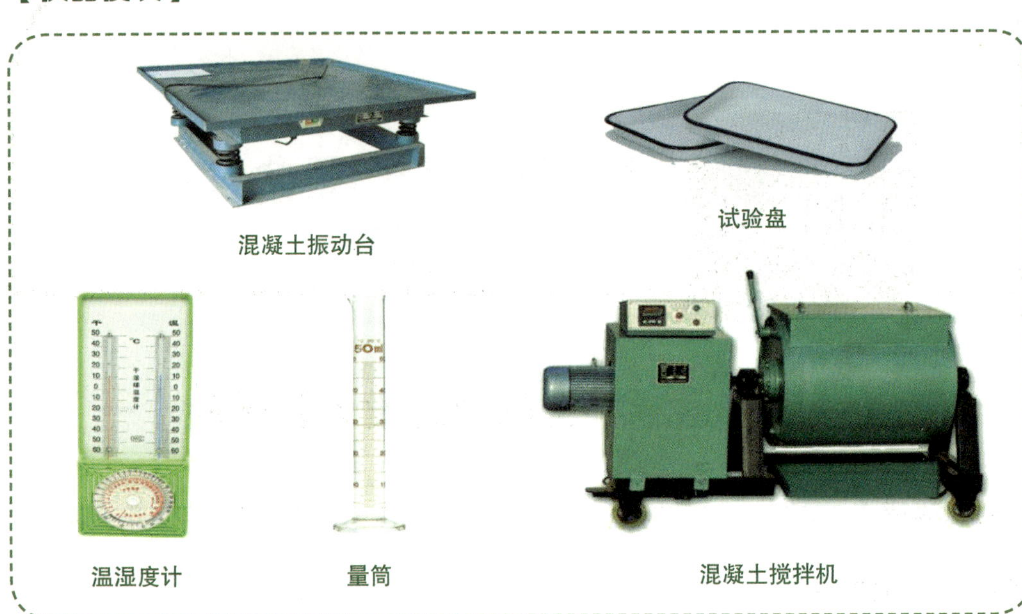

混凝土振动台　试验盘　温湿度计　量筒　混凝土搅拌机

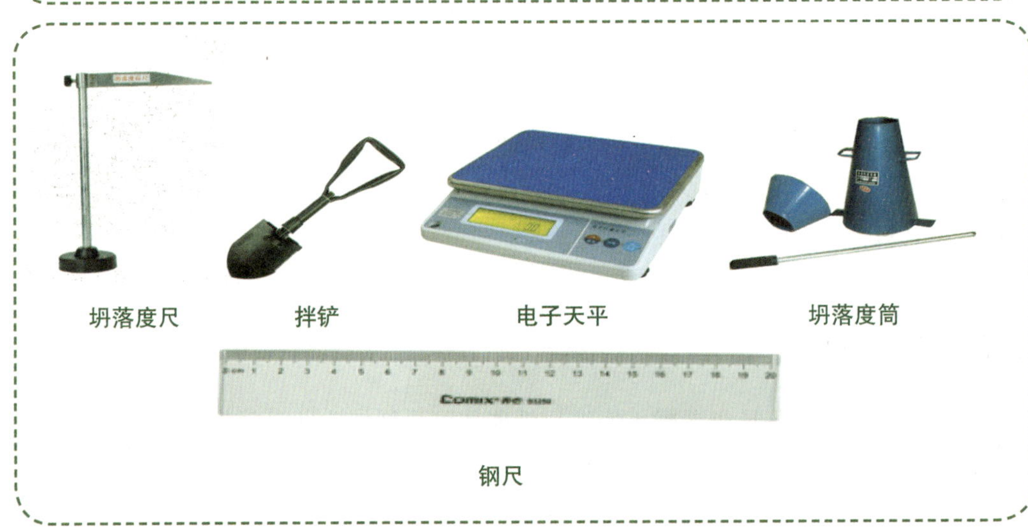

坍落度尺　拌铲　电子天平　坍落度筒　钢尺

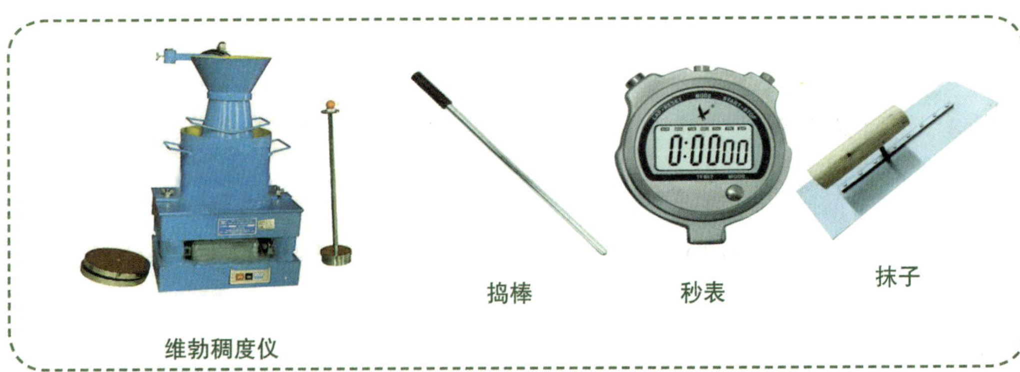

维勃稠度仪　捣棒　秒表　抹子

## 【试验模块】

### 1. 混凝土坍落度试验步骤

（1）试验前准备工作：备好钢尺和钢板，试拌前，钢板应湿润无明水，调试好坍落度筒等仪器。

（2）坍落度筒内壁和底板应润湿无明水；底板应放置在坚实水平面上，并将坍落度筒放在底板中心，然后用脚踩住两边的脚踏板，坍落度筒在装料时应保持在固定的位置。

（3）混凝土拌合物试样应分 3 层均匀地装入坍落度筒，每装一层混凝土拌合物，应用捣棒由边缘到中心按螺旋形均匀插捣 25 次，捣实后每层混凝土拌合物试样高度约为筒高的 1/3。

（4）插捣底层时，捣棒应贯穿整个深度；插捣第二层和顶层时，捣棒应插透本层至下一层的表面。

（5）顶层混凝土拌合物装料应高出筒口，在插捣过程中，混凝土拌合物低于筒口时，应随时添加。

（6）顶层插捣完成后，取下装料漏斗，将多余混凝土拌合物刮去，并沿筒口抹平。

（7）清除筒边底板上的混凝土后，应垂直平稳地提起坍落度筒，并轻放在试样旁边；当试样不再继续坍落或坍落时间达 30 s 时，用钢尺测量出筒高与坍落后混凝土试体最高点之间的高度差，作为该混凝土拌合物的坍落度值。

（8）坍落筒的提离时间宜控制为 3 ～ 7s；从开始装料到提起坍落度筒的整个过程应连续进行，并应在 150 s 内完成。

（9）将坍落度筒提起后，混凝土发生一边崩坍或剪坏现象时，应重新取样另行测定，若第二次试验仍出现一边崩坍或剪坏现象，应予记录说明。

（10）观察坍落后的混凝土试体的黏聚性和保水性。用捣棒在已坍落的混凝土锥体侧面轻轻敲打，如果锥体逐渐下沉，则表示黏聚性良好；如果锥体倒塌、部分崩裂或出现离析现象，则表示黏聚性不好。坍落度筒提起后如有较多的稀浆从底部析出，锥体部分的混凝土也因失浆而骨料外露，则表示保水性不好；如果坍落度筒提起后无稀浆或仅有少量稀浆从底部析出，则表示保水性良好。

（11）混凝土拌合物坍落度值测量应精确到 1 mm，结果应修至约 5 mm。

（12）试验完毕，清洁试验设备，恢复原状，按照要求填写试验记录表。

### 2. 混凝土维勃稠度试验步骤

（1）试验前准备工作：备好钢板，试拌前，钢板应湿润无明水，调试好维勃稠度仪等设备。

（2）维勃稠度仪应放置在坚实的水平面上，容器、坍落度筒内壁及其他用具应润湿无明水。

（3）应将喂料斗提到坍落度筒上方扣紧，校正容器位置，应使其中心与喂料中心重合，然后拧紧固定螺钉。

（4）混凝土拌合物试样应分 3 层均匀地装入坍落度筒，捣实后每层高度应约为筒高的 1/3。每装一层，用捣棒在筒内由边缘到中心按螺旋形均匀插捣 25 次；插捣底层时，捣棒应贯穿整个深度，插捣第二层和顶层时，捣棒应插透本层至下一层的表面；顶层混凝土装料应高出筒口，在插捣过程中，混凝土若低于筒口，应随时添加。

（5）顶层插捣完应将喂料斗转离，沿坍落度筒口刮平顶面，垂直地提起坍落度筒，不应使混凝土拌合物试样产生横向的扭动。

（6）将透明圆盘转到混凝土圆台体顶面，放松测杆螺钉，使透明圆盘转至混凝土锥体上部，并下降至与混凝土顶面接触。

（7）拧紧定位螺钉，开启振动台，同时用秒表计时，当振动到透明圆盘的整个底面与水泥浆接触时应停止计时，并关闭振动台。

（8）秒表记录的时间应作为混凝土拌合物的维勃稠度值，精确到 1 s。

（9）试验完毕，将试验设备清理整洁，恢复原状，按照要求填写试验记录表。

## 【公式图表模块】

### 普通混凝土配合比设计常用公式

| 指标名称 | 计算公式 | 字母含义 |
| --- | --- | --- |
| 配制强度 1（< C60） | $f_{cu,0} \geqslant f_{cu,k}+1.645\sigma$ | $f_{cu,0}$——混凝土配制强度（MPa）；<br>$f_{cu,k}$——混凝土立方体抗压强度标准值，取设计混凝土强度等级值（MPa）；<br>$\sigma$——混凝土强度标准差（MPa） |
| 配制强度 2（≥ C60） | $f_{cu,0} \geqslant 1.15f_{cu,k}$ | |
| 水胶比 | $\frac{W}{B}=\frac{\alpha_a f_b}{f_{cu,0}+\alpha_a\alpha_b f_b}$<br>$f_b=\gamma_f\gamma_s\gamma_c f_{ce,g}$ | $\alpha_a$、$\alpha_b$——回归系数；<br>$f_b$——胶凝材料（水泥与矿物掺合料按使用比例混合）28 d 胶砂抗压强度（MPa）；<br>$\gamma_f$——粉煤灰影响系数；<br>$\gamma_s$——粒化高炉矿渣影响系数；<br>$\gamma_c$——水泥强度富余系数；<br>$f_{ce,g}$——水泥强度等级值（MPa）。<br>其他符号含义同上 |
| 单方用水量 | $m_{w0}=m'_{w0}(1-\beta)$ | $m_{w0}$——满足实际坍落度要求的每立方米混凝土用水量（$kg/m^3$）；<br>$m'_{w0}$——未掺外加剂时推定的满足实际坍落度要求的每立方米混凝土用水（$kg/m^3$），以 90 mm 坍落度的用水量为基础，按每增大 20 mm 坍落度相应增加 5 $kg/m^3$ 用水量来计算，当坍落度增大到 180 mm 以上时，随坍落度相应增加的用水量可减少；<br>$\beta$——外加剂的减水率（%） |
| 外加剂用量 | $m_{a0}=m_{b0}\beta_a$ | $m_{a0}$——每立方米混凝土外加剂用量（$kg/m^3$）；<br>$m_{b0}$——计算配合比每立方米混凝土中胶凝材料用量（$kg/m^3$）；<br>$\beta_a$——外加剂用量（%） |
| 矿物掺合料用量 | $m_{f0}=m_{b0}\beta_f$ | $m_{f0}$——每立方米混凝土矿物掺合料用量（$kg/m^3$）；<br>$m_{b0}$——计算配合比每立方米混凝土中胶凝材料用量（$kg/m^3$）；<br>$\beta_f$——矿物掺合料掺量（%） |
| 水泥用量 | $m_{c0}=m_{b0}-m_{f0}$ | $m_{c0}$——每立方米混凝土中水泥用量（$kg/m^3$）。<br>其他符号含义同上 |
| 砂率 | $\beta_s=\frac{m_{s0}}{m_{s0}+m_{g0}}\times 100\%$ | $\beta_s$——砂率（%）；<br>$m_{s0}$——每立方米混凝土的细骨料用量（$kg/m^3$）；<br>$m_{g0}$——每立方米混凝土的粗骨料用量（$kg/m^3$） |
| 质量法计算公式 | $m_{f0}+m_{c0}+m_{g0}+m_{s0}+m_{w0}=m_{cp}$ | $m_{cp}$——每立方米混凝土拌合物的假定质量（$kg/m^3$），可取 2 350 ～ 2 450 $kg/m^3$。<br>其他符号含义同上 |

续表

| 指标名称 | 计算公式 | 字母含义 |
| --- | --- | --- |
| 体积法计算公式 | $\frac{m_{c0}}{\rho_c}+\frac{m_{f0}}{\rho_f}+\frac{m_{g0}}{\rho_g}+\frac{m_{s0}}{\rho_s}+\frac{m_{w0}}{\rho_w}+0.01\alpha=1$ | $\rho_c$——水泥密度（kg/m$^3$），可取2900～3100kg/m$^3$；<br>$\rho_f$——矿物掺合料密度（kg/m$^3$）；<br>$\rho_g$——细骨料的表观密度（kg/m$^3$）；<br>$\rho_s$——粗骨料的表观密度（kg/m$^3$）；<br>$\rho_w$——水的密度（kg/m$^3$），可取1 000 kg/m$^3$；<br>$\alpha$——混凝土的含气量百分数，在不使用引气型外加剂时，$\alpha$可取1。<br>其他符号含义同上 |
| 配合比校正系数 | $\delta=\frac{\rho_{c,t}}{\rho_{c,c}}$ | $\rho_{c,t}$——混凝土表观密度实测值（kg/m$^3$）；<br>$\rho_{c,c}$——混凝土表观密度计算值（kg/m$^3$）。<br>其他符号含义同上 |

混凝土最小胶凝材料用量

| 最大水胶比 | 最小胶凝材料用量 /（kg · m$^{-3}$） | | |
| --- | --- | --- | --- |
| | 素混凝土 | 钢筋混凝土 | 预应力混凝土 |
| 0.60 | 250 | 280 | 300 |
| 0.55 | 280 | 300 | 300 |
| 0.50 | 320 | | |
| ≤ 0.45 | 330 | | |

粉煤灰影响系数和粒化高炉矿渣影响系数

| 掺量 /% | 粉煤灰影响系数 $\gamma_f$ | 粒化高炉矿渣影响系数 $\gamma_s$ |
| --- | --- | --- |
| 0 | 1.00 | 1.00 |
| 10 | 0.90 ～ 0.95 | 1.00 |
| 20 | 0.80 ～ 0.85 | 0.95 ～ 1.00 |
| 30 | 0.70 ～ 0.75 | 0.90 ～ 1.00 |
| 40 | 0.60 ～ 0.65 | 0.80 ～ 0.90 |
| 50 | — | 0.70 ～ 0.85 |

回归系数取值

| 粗骨料品种 | 碎石 | 卵石 |
| --- | --- | --- |
| $\alpha_a$ | 0.53 | 0.49 |
| $\alpha_b$ | 0.20 | 0.13 |

混凝土试配的最小搅拌量

| 粗骨料最大公称粒径 /mm | 试配最小搅拌量 /L |
| --- | --- |
| ≤ 31.5 | 20 |
| 40.0 | 25 |

### 强度标准差 $\sigma$ 值

| 混凝土强度标准 | ≤ C20 | C25 ～ C45 | C50 ～ C55 |
| --- | --- | --- | --- |
| ∑/MPa | 4.0 | 5.0 | 6.0 |

### 水泥强度等级值的富余系数

| 水泥强度等级 | 32.5 | 42.5 | 52.5 |
| --- | --- | --- | --- |
| 富余系数 $\gamma_c$ | 1.12 | 1.16 | 1.10 |

### 钢筋混凝土中矿物掺合料最大掺量

| 矿物掺合料种类 | 水胶比 | 最大掺量 /% | |
| --- | --- | --- | --- |
| | | 采用硅酸盐水泥时 | 采用普通硅酸盐水泥时 |
| 粉煤灰 | ≤ 0.40 | 45 | 35 |
| | ＞ 0.40 | 40 | 30 |
| 粒化高炉矿渣粉 | ≤ 0.40 | 65 | 55 |
| | ＞ 0.40 | 55 | 45 |
| 钢渣粉 | — | 30 | 20 |
| 磷渣粉 | — | 30 | 20 |
| 硅灰 | — | 10 | 10 |
| 复合掺合料 | ≤ 0.40 | 65 | 55 |
| | ＞ 0.40 | 55 | 45 |

### 混凝土的用水量

| 混装土的用水量 /（kg·m$^{-3}$） 最大公称粒径 /mm 拌合物稠度 | | 卵石最大公称粒径 | | | | 碎石最大公称粒径 | | | |
| --- | --- | --- | --- | --- | --- | --- | --- | --- | --- |
| 项目 | 指标 | 10.0 | 20.0 | 31.5 | 40.0 | 16.0 | 20.0 | 31.5 | 40.0 |
| 维勃稠度 /s | 16 ～ 20 | 175 | 160 | — | 145 | 180 | 170 | — | 155 |
| | 11 ～ 15 | 180 | 165 | — | 150 | 185 | 175 | — | 160 |
| | 5 ～ 10 | 185 | 170 | — | 155 | 190 | 180 | — | 165 |
| 坍落度 / mm | 10 ～ 30 | 190 | 170 | 160 | 150 | 200 | 185 | 175 | 165 |
| | 35 ～ 50 | 200 | 180 | 170 | 160 | 210 | 195 | 185 | 175 |
| | 55 ～ 70 | 210 | 190 | 180 | 170 | 220 | 105 | 195 | 185 |
| | 75 ～ 90 | 215 | 195 | 185 | 175 | 230 | 215 | 205 | 195 |

### 混凝土砂率

| 混凝土砂率 /% 最大公称粒径 /mm 水胶比（*W*/*B*） | 卵石最大公称粒径 | | | 碎石最大公称粒径 | | |
| --- | --- | --- | --- | --- | --- | --- |
| | 10.0 | 20.0 | 40.0 | 16.0 | 20.0 | 40.0 |
| 0.40 | 26 ～ 32 | 25 ～ 31 | 24 ～ 30 | 30 ～ 35 | 29 ～ 34 | 27 ～ 32 |
| 0.50 | 30 ～ 35 | 29 ～ 34 | 28 ～ 33 | 33 ～ 38 | 32 ～ 37 | 30 ～ 35 |
| 0.60 | 33 ～ 38 | 32 ～ 37 | 31 ～ 36 | 36 ～ 41 | 35 ～ 40 | 33 ～ 38 |
| 0.70 | 36 ～ 41 | 35 ～ 40 | 34 ～ 39 | 39 ～ 44 | 38 ～ 43 | 36 ～ 41 |

## 【试验考核模块】

| 班级 | | 姓名 | | 学号 | | 分组 | | 评分 | |
|---|---|---|---|---|---|---|---|---|---|

## 普通混凝土配合比设计及拌合物性能试验记录表（一）

<table>
<tr><td rowspan="2">试验环境</td><td rowspan="2">温度 /℃</td><td rowspan="2"></td><td rowspan="2">相对湿度 /%</td><td rowspan="2"></td><td>是</td><td rowspan="2">满足试验要求</td></tr>
<tr><td>否</td></tr>
<tr><td>仪器及检查</td><td colspan="6"></td></tr>
<tr><td>材料品种及描述</td><td colspan="6"></td></tr>
<tr><td rowspan="2">设计强度、耐久性及和易性要求</td><td colspan="3">设计强度</td><td colspan="3">混凝土坍落度要求</td></tr>
<tr><td colspan="3"></td><td colspan="3"></td></tr>
<tr><td>配合比计算</td><td colspan="6"></td></tr>
</table>

【试验考核模块】

| 班级 | | 姓名 | | 学号 | | 分组 | | 评分 | |
|---|---|---|---|---|---|---|---|---|---|

## 普通混凝土配合比设计及拌合物性能试验记录表（二）

| 配合比计算 | |
|---|---|
| 挂浆用量计算 | |
| 试拌用量计算 | |

## 【试验考核模块】

| 班级 | | 姓名 | | 学号 | | 分组 | | 评分 | |
|---|---|---|---|---|---|---|---|---|---|

## 普通混凝土配合比设计及拌合物性能试验记录表（三）

<table>
<tr><td rowspan="4">和易性测量</td><td rowspan="2">坍落度 /mm</td><td>目测 /mm</td><td colspan="4">实测 /mm</td></tr>
<tr><td></td><td>测量值</td><td></td><td>结果</td><td></td></tr>
<tr><td>黏聚性</td><td colspan="5"></td></tr>
<tr><td>保水性</td><td colspan="5"></td></tr>
<tr><td>表观密度测量</td><td>试样质量 /kg</td><td></td><td>体积 /L</td><td></td><td>表观密度 /（kg · m<sup>-3</sup>）</td><td></td></tr>
<tr><td>配合比调整（表观密度修正）</td><td colspan="6"></td></tr>
<tr><td>混凝土配合比</td><td colspan="6"></td></tr>
</table>

# 试验 4-2　普通混凝土配合比设计及试验（二）

## 【知识模块】

### 1. 扩展度试验

混凝土的扩展度与其流动性有关，流动性越大，扩展度越大。当坍落度较大时，坍落度不能准确反映混凝土的流动性，故采用混凝土扩展后的平均直径即坍落扩展度作为流动性指标。本试验方法适用于骨料最大公称粒径不大于 40 mm、坍落度不小于 160 mm 混凝土扩展度的测定。

### 2. 表观密度试验

混凝土拌合物表观密度是指混凝土拌合物捣实后的单位体积质量。通过此项指标可判断混凝土类别，并对混凝土配合比进行必要的修正。

### 3. 立方体抗压强度试验

《混凝土物理力学性能试验方法标准》（GB/T 50081—2019）规定：边长为 150 mm 的立方体试件在标准养护条件（温度为 20 ℃ ±2 ℃，相对湿度在 95% 以上）下，养护至 28 d 龄期，用标准试验方法测得的极限抗压强度，称为混凝土立方体抗压强度。根据此项指标可判断混凝土强度合格性，并划分强度等级。

## 【仪器模块】

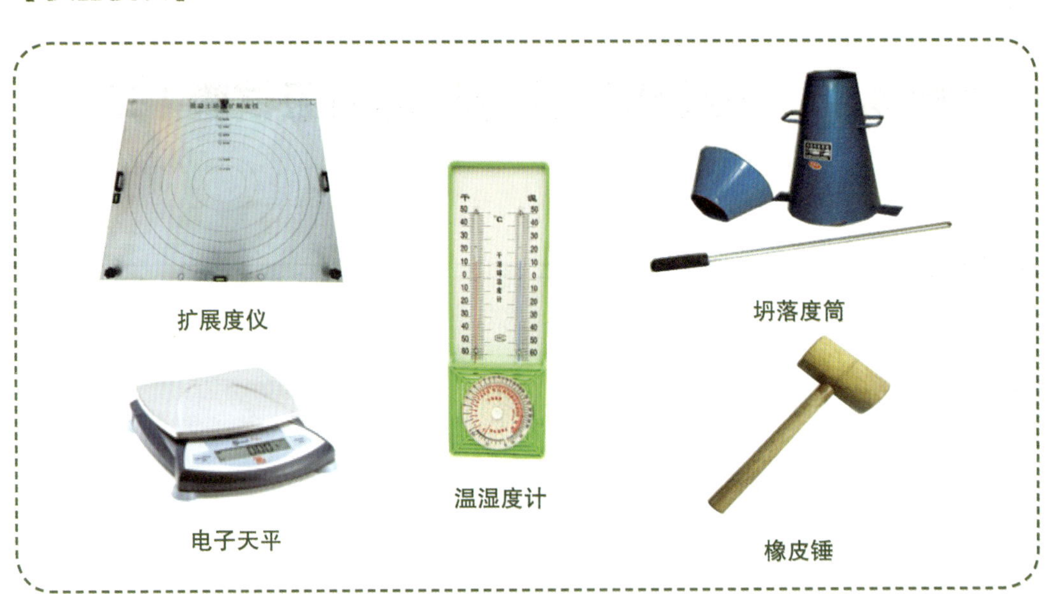

扩展度仪　温湿度计　坍落度筒　电子天平　橡皮锤

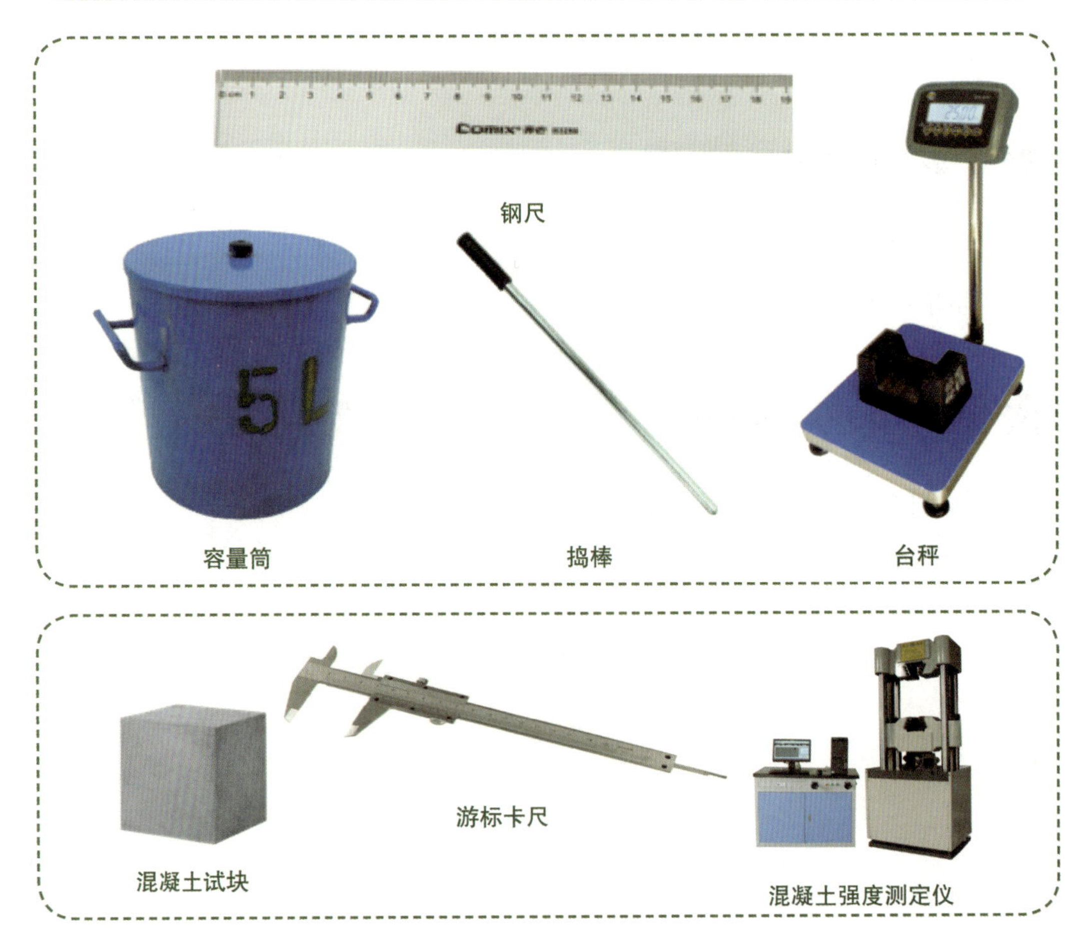

钢尺　容量筒　捣棒　台秤　混凝土试块　游标卡尺　混凝土强度测定仪

## 【试验模块】

### 1. 扩展度试验步骤

（1）试验前准备工作：备好钢尺和钢板，钢板应湿润无明水；试验设备准备、混凝土拌合物装料和插捣按照前述坍落度试验步骤的前六步进行。

（2）清除筒边底板上的混凝土后，应垂直平稳地提起坍落度筒，坍落度筒的提离时间宜控制为 3 ～ 7 s；当混凝土拌合物不再扩散或扩散持续时间已达 50 s 时，应使用钢尺测量混凝土拌合物扩展面的最大直径以及与最大直径呈垂直方向的直径。

（3）当两直径之差小于 50 mm 时，应取其算术平均值作为扩展度试验结果；当两直径之差不小于 50 mm 时，应重新取样另行测定。

（4）发现粗骨料在中央堆集或边缘有浆体析出时，应记录说明。

（5）扩展度试验从开始装料到测得混凝土扩展度值的整个过程应连续进行，并应在 4 min 内完成。

（6）混凝土拌合物扩展度值测量应精确到 1 mm，结果修至约 5 mm。

（7）试验完毕，将试验设备清理整洁，恢复原状，按照要求填写试验记录表。

### 2. 表观密度试验步骤

（1）测定容量筒容积：应将干净的容量筒与玻璃装板一起称重；将容量筒装满水，缓慢地将玻璃板从筒口一侧推到另一侧，容量筒内应装满水并且不存在气泡，擦干容量筒外壁，再次称重；两次称重结果之差除以该温度下水的密度则为容量筒容积 $V$；常温下水的密度可取 1 kg/L。

（2）应将容量筒内、外壁擦干净，称出容量筒质量 $m_1$，精确到 10 g；

（3）混凝土拌合物试样应按下列要求进行装料，并插捣密实：

1）坍落度不大于 90 mm 时，混凝土拌合物宜用振实台振实；用振实台振实时，应一次性将混凝土拌合物装填至高出容量筒筒口；装料时可用捣棒稍加插捣，在振实过程中混凝土若低于筒口，应随时添加混凝土，振动直至表面出浆为止。

2）坍落度大于 90 mm 时，混凝土拌合物宜用捣棒插捣密实。插捣时，应根据容量筒的大小决定分层与插捣次数：用 5 L 容量筒时，混凝土拌合物应分两层装入，每层的插捣次数应为 25 次；用大于 5 L 的容量筒时，每层混凝土拌合物的高度不应大于 100 mm，每层插捣次数应按每 10 000 $mm^2$ 截面面积不小于 12 次计算。每次应由边缘向中心均匀地插捣，插捣底层时捣棒应贯穿整个深度，插捣第二层时，捣棒应插透本层至下一层的表面；每一层插捣完后用橡皮锤沿容量筒外壁敲击 5 ～ 10 次，进行振实，直至混凝土拌合物表面插捣孔消失且不见大气泡为止。

3）自密实混凝土应一次性填满，且不应进行振实和插捣。

（4）将筒口多余的混凝土拌合物刮去，表面有凹陷时应将凹陷填平；将容量筒外壁擦净，称出混凝土拌合物试样与容量筒总质量 $m_2$，精确到 10 g。

（5）试验完毕，将试验设备清理整洁，恢复原状，按照要求填写试验记录表。

## 3. 立方体抗压强度试验步骤

（1）试验前准备工作：检查万能试验机或压力机运转是否正常，安全防护措施是否良好。

（2）试件到达试验龄期时，从养护地点取出后，清理干净试件表面，用游标卡尺测量试件尺寸，尺寸公差应满足标准的规定，以受压面每边测量上、中、下三次的算术平均值为准，并计算出受压面积 $A$，试件取出后应尽快进行试验。

（3）将试件放置于试验机前，将试件表面与上、下承压板面擦拭干净。

（4）以试件成型时的侧面为承压面，将试件安放在试验机的下压板或垫板上，试件的中心应与试验机下压板中心对准。

（5）启动试验机，试件表面与上、下承压板或钢垫板应均匀接触。

（6）试验过程中连续均匀加荷，加荷速度应取 0. 3 ～ 1.0 MPa/s。当立方体抗压强度小于 30 MPa 时，加荷速度宜取 0.3 ～ 0.5 MPa/s；当立方体抗压强度为 30 ～ 60 MPa 时，加荷速度宜取 0.5 ～ 0.8 MPa/s；当立方体抗压强度不小于 60 MPa 时，加荷速度宜取 0.8 ～ 1.0 MPa/s。

（7）手动控制压力机加荷速度时，当试件接近破坏开始急剧变形时，应停止调整试验机油门，直至破坏，并记录破坏荷载 $F$。

（8）立方体试件抗压强度值的确定应符合下列规定：

1）取 3 个试件测值的算术平均值作为该组试件的强度值，应精确到 0.1 MPa；

2）当 3 个测值中的最大值或最小值中，有一个与中间值的差值超过中间值的 15% 时，应把最大值及最小值剔除，取中间值作为该组试件的抗压强度值；

3）当最大值和最小值与中间值的差值均超过中间值的 15% 时，则该组试件的试验结果无效。

（9）试验完毕，将试验设备清理整洁，恢复原状，按照要求填写试验记录表。

## 【公式图表模块】

### 混凝土表观密度及立方体抗压强度试验常用公式

| 指标名称 | 计算公式 | 字母含义 |
|---|---|---|
| 混凝土表观密度 | $\rho=\frac{m_2-m_1}{V}\times 1\ 000$ | $\rho$——混凝土拌合物表观密度（$kg/m^3$），精确到 10 $kg/m^3$；<br>$m_1$——容量筒质量（kg）；<br>$m_2$——容量筒和试样总质量（kg）；<br>$V$——容量筒容积（L） |
| 混凝土立方体抗压强度 | $f=\frac{F}{A}$ | $f$——混凝土立方体抗压强度（MPa），精确到 0.1 MPa；<br>$F$——试件破坏荷载（N）；<br>$A$——试件承压面积（$mm^2$） |

## 【试验考核模块】

| 班级 | | 姓名 | | 学号 | | 分组 | | 评分 | |
|---|---|---|---|---|---|---|---|---|---|

# 普通混凝土拌合物性能试验及表观密度记录表

试验日期：__________ 试验温度（℃）：__________ 试验湿度（%）：__________

品种等级：______________________ 试验标准：______________________________

试验仪器：________________________________________________________________

样品描述：________________________________________________________________

<table>
<tr><th rowspan="2">试样编号</th><th colspan="2">坍落度 /mm</th><th colspan="3">扩展度 /mm</th><th rowspan="2">棍度</th><th rowspan="2">含砂情况</th><th rowspan="2">黏聚性</th><th rowspan="2">保水性</th></tr>
<tr><th>单值</th><th>测定值</th><th>最大直径</th><th>最大直径垂直方向直径</th><th>测定值</th></tr>
<tr><td rowspan="2"></td><td></td><td rowspan="2"></td><td></td><td></td><td rowspan="2"></td><td rowspan="2"></td><td rowspan="2"></td><td rowspan="2"></td><td rowspan="2"></td></tr>
<tr><td></td><td></td><td></td></tr>
</table>

<table>
<tr><th rowspan="3">试样编号</th><th colspan="3">维勃稠度值 /s</th><th colspan="6">表观密度试验</th></tr>
<tr><th rowspan="2">单值</th><th rowspan="2">测定值</th><th rowspan="2">拌合方式</th><th rowspan="2">容量筒容积 /L</th><th rowspan="2">容量筒质量 /kg</th><th rowspan="2">试样和容量筒总质量 /kg</th><th colspan="3">表观密度 /（kg · m<sup>-3</sup>）</th></tr>
<tr><th>单值</th><th>平均值</th><th>拌合方式</th></tr>
<tr><td rowspan="2"></td><td></td><td rowspan="2"></td><td rowspan="2"></td><td rowspan="2"></td><td rowspan="2"></td><td></td><td></td><td rowspan="2"></td><td rowspan="2"></td></tr>
<tr><td></td><td></td><td></td></tr>
</table>

## 【试验考核模块】

| 班级 | | 姓名 | | 学号 | | 分组 | | 评分 | |
|---|---|---|---|---|---|---|---|---|---|

# 普通混凝土立方体试件抗压强度记录表

试验日期：__________ 试验温度（℃）：__________ 试验湿度（%）：__________

品种等级：____________________ 试验标准：____________________

试验仪器：________________________________________

样品描述：____________________ 设计强度等级：____________________

<table>
<tr><th>成型日期</th><th>检测日期</th><th>龄期 /d</th><th>使用部位及编号</th><th>试件尺寸 /mm</th><th>受压面积 /mm²</th><th>破坏荷载 /N</th><th>抗压强度 /MPa</th><th>平均抗压强度 /MPa</th><th>达到设计强度等级 /%</th></tr>
<tr><td rowspan="3"></td><td rowspan="3"></td><td rowspan="3"></td><td rowspan="3"></td><td rowspan="3"></td><td rowspan="3"></td><td></td><td></td><td rowspan="3"></td><td rowspan="3"></td></tr>
<tr><td></td><td></td></tr>
<tr><td></td><td></td></tr>
<tr><td rowspan="3"></td><td rowspan="3"></td><td rowspan="3"></td><td rowspan="3"></td><td rowspan="3"></td><td rowspan="3"></td><td></td><td></td><td rowspan="3"></td><td rowspan="3"></td></tr>
<tr><td></td><td></td></tr>
<tr><td></td><td></td></tr>
</table>

# 试验 5 建筑砂浆试验

## 【知识模块】

### 1. 砂浆稠度试验

砂浆稠度是指用标准圆锥体在规定时间内沉入砂浆拌合物的深度（沉入度），以 mm 为单位。砂浆稠度对施工的难易程度有重要影响。砂浆稠度试验主要是在建筑施工前测定所用砂浆的稠度，以便确定配合比，或在施工过程中控制砂浆稠度，从而达到控制用水量的目的。

### 2. 砂浆分层度试验

砂浆分层度的测定方法是水泥砂浆装入分层度桶前，测定一次砂浆稠度；静置一定时间并去掉分层度桶上面 2/3 的砂浆后，再测定一次砂浆稠度；两次的稠度差即砂浆分层度。砂浆分层度太大或者太小都不好，砂浆分层度太大说明砂浆保水性不良，砂浆分层度太小砂浆容易开裂。砂浆分层度体现了砂浆的保水性。

### 3. 砂浆立方体抗压强度试验

《建筑砂浆基本性能试验方法标准》（JGJ/T 70—2009）规定：边长为 70.7 mm 的立方体试件在标准养护条件（温度为 20 ℃ ±2 ℃，相对湿度在 90% 以上）下，养护至规定龄期，用标准试验方法测得的极限抗压强度，称为砂浆立方体抗压强度。根据此项指标可判断砂浆强度合格性，并划分强度等级。

## 【仪器模块】

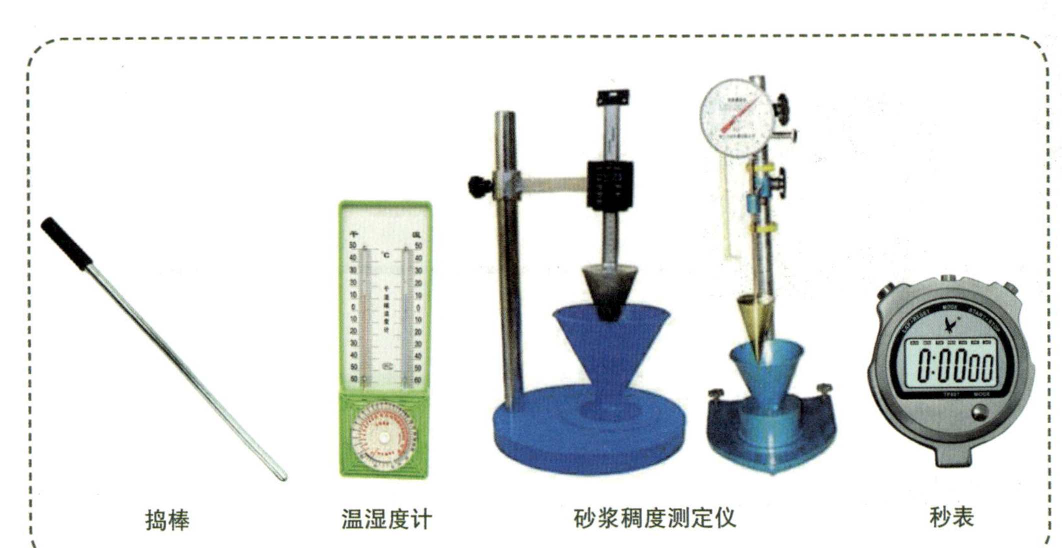
捣棒　温湿度计　砂浆稠度测定仪　秒表

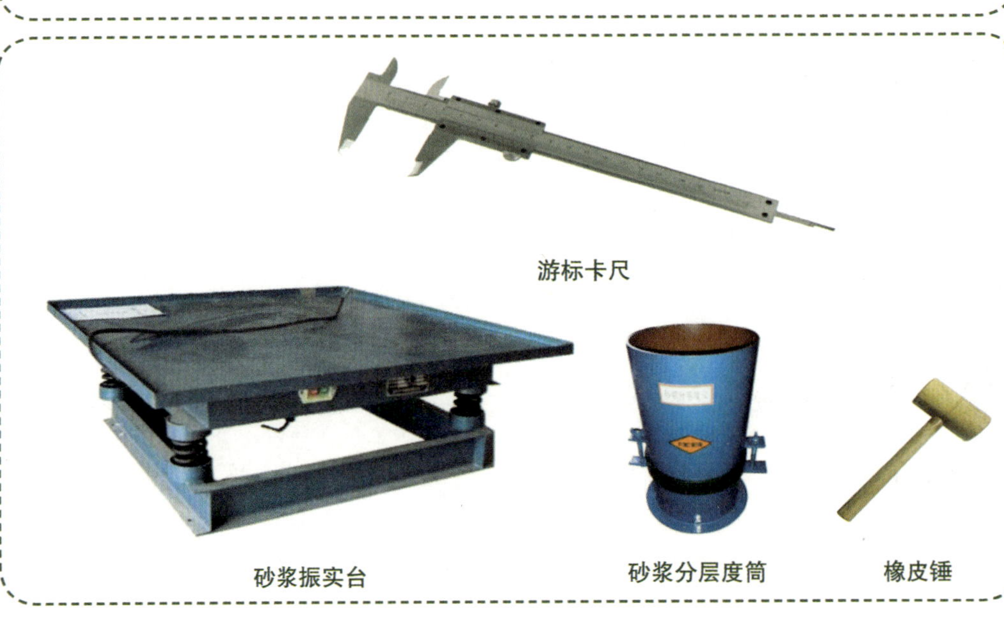
游标卡尺

砂浆振实台　砂浆分层度筒　橡皮锤

砂浆强度测定仪　砂浆试件　电子天平

## 【试验模块】

### 1. 砂浆稠度试验步骤

（1）试验前，检查砂浆稠度测定仪、台秤和搅拌锅等设备状态是否良好，准备好砂浆拌合物。

（2）先采用少量润滑油轻擦滑杆，再将滑杆上多余的油用吸油纸擦净，使滑杆能自由滑动。

（3）先采用湿布擦净盛浆容器和试锥表面，再将砂浆拌合物一次装入容器；砂浆表面宜低于容器口 10 mm，用捣棒自容器中心向边缘均匀地插捣 25 次，然后轻轻地将容器摇动或敲击 5 ～ 6 下，使砂浆表面平整，随后将容器置于砂浆稠度测定仪的底座上。

（4）拧开制动螺钉，向下移动滑杆，当试锥尖端与砂浆表面刚接触时，拧紧制动螺钉，使齿条测杆下端刚接触滑杆上端，并将指针对准零点。

（5）拧开制动螺钉，同时计时间，10 s 时立即拧紧制动螺钉，将齿条测杆下端接触滑杆上端，从刻度盘上读出下沉深度（精确到 1 mm），即砂浆稠度值。

（6）盛浆容器内的砂浆只允许测定一次稠度，重复测定时，应重新取样测定。

（7）同盘砂浆应取两次试验结果的算术平均值作为测定值，并应精确到 1 mm；当两次试验值的差大于 10 mm 时，应重新取样测定。

（8）试验完毕，将试验设备清理整洁，恢复原状，按照要求填写试验记录表。

### 2. 砂浆分层度（标准法）试验步骤

（1）按照砂浆稠度试验的方法测定砂浆拌合物的稠度。

（2）将砂浆拌合物一次装入砂浆分层度筒，待装满后，用橡皮锤在砂浆分层度筒周围距离大致相等的四个不同部位轻轻敲击 1 ～ 2 下；当砂浆沉落到低于筒口时，应随时添加，然后刮去多余的砂浆并用抹刀抹平。

（3）静置 30 min 后，去掉上节 200 mm 砂浆，然后将剩余的 100 mm 砂浆倒在搅拌锅内搅拌 2 min，再按照砂浆稠度试验的方法测其稠度。前、后测得的稠度之差即该砂浆的分层度值。

（4）取两次试验结果的算术平均值作为该砂浆的分层度值，精确到 1 mm；当两次砂浆分层度试验值的差大于 10 mm 时，应重新取样测定。

（5）试验完毕，将试验设备清理整洁，恢复原状，按照要求填写试验记录表。

### 3. 砂浆分层度（快速法）试验步骤

（1）按照砂浆稠度试验的方法测定砂浆拌合物的稠度。

（2）将砂浆分层度筒预先固定在砂浆振实台上，将砂浆一次装入砂浆分层度筒，振动 20s。

（3）去掉上节 200 mm 砂浆，剩余 100 mm 砂浆倒出放在搅拌锅内搅拌 2 min，再按砂浆稠度试验的方法测其稠度，前、后测得的稠度之差即该砂浆的分层度值。

（4）取两次试验结果的算术平均值作为该砂浆的分层度值，精确到 1 mm；当两次砂浆分层度试验值的差大于 10 mm 时，应重新取样测定。

（5）试验完毕，将试验设备清理整洁，恢复原状，按照要求填写试验记录表。

## 4. 砂浆立方体抗压强度试验步骤

（1）试件制作和养护。砂浆立方体抗压强度试验应采用立方体试件，每组试件应为 3 个。制作试件前，应采用黄油等密封材料涂抹试模的外接缝，在试模内涂刷薄层机油或隔离剂。将拌制好的砂浆一次性装满砂浆试模，成型方法应根据稠度确定。当稠度大于 50 mm 时，宜采用人工插捣成型，当稠度不大于 50 mm 时，宜采用振实台振实成型。

1）人工插捣：用捣棒均匀地由边缘向中心按螺旋方式插捣 25 次，在插捣过程中当砂浆沉落低于试模口时，应随时添加砂浆，可用油灰刀插捣数次，并用手将试模一边抬高 5 ～ 10 mm 各振动 5 次，砂浆应高出试模顶面 6 ～ 8 mm。

2）振实台振实：将砂浆一次装满试模，放置到振实台上，振动时试模不得跳动，振动 5 ～ 10 s 或持续到表面泛浆为止，不得过振。

待表面水分稍干后，再将高出试模部分的砂浆沿试模顶面刮去并抹平。试件制作后应在温度为 20 ℃ ±5 ℃的环境下静置 24 h±2 h，对试件进行编号、拆模。当气温较低或者砂浆凝结时间大于 24 h，可适当延长时间，但不应超过 2 d。试件拆模后应立即放入温度为 20 ℃ ±2 ℃、相对湿度为 90% 以上的标准养护室中养护。养护期间，试件彼此间隔不得小于 10 mm，混合砂浆、湿拌砂浆试件上面应覆盖湿布，防止试件上有水滴。从搅拌加水开始计时，标准养护龄期应为 28 d，也可根据相关标准要求增加 7 d 或 14 d。

（2）试件从养护地点取出后应及时进行试验。试验前应将试件表面擦拭干净，测量尺寸，检查其外观，并计算试件的承压面积 $A$。当实测尺寸与公称尺寸的差不超过 1 mm 时，可按照公称尺寸进行计算。

（3）将试件安放在试验机的下压板或下垫板上，试件的承压面应与成型时的顶面垂直，试件中心应与试验机下压板或下垫板中心对准。启动试验机，当上压板与试件或上垫板接近时，调整球座，使接触面均衡受压。承压试验应连续而均匀地加荷，加荷速度应为 0. 25 ～ 1.5 kN/s；砂浆立方体抗压强度不大于 2.5 MPa 时，宜取下限。当试件接近破坏而开始迅速变形时，停止调整试验机油门，直至试件破坏，然后记录破坏荷载 $N_u$。

（4）试验完毕，将试验设备清理整洁，恢复原状，按照要求填写试验记录表。

（5）结果评定：应以 3 个试件测值的算术平均值作为该组试件的砂浆立方体抗压强度平均值（$f_2$），精确到 0.1 MPa；当 3 个测值的最大值或最小值中，有 1 个与中间值的差值超过中间值的 15% 时，应将最大值及最小值一并舍去，取中间值作为该组试件的砂浆立方体抗压强度值；当两个测值与中间值的差值均超过中间值的 15% 时，该组试验结果应视为无效。

【试验考核模块】

| 班级 | | 姓名 | | 学号 | | 分组 | | 评分 | |
|---|---|---|---|---|---|---|---|---|---|

# 建筑砂浆和易性试验记录

试验日期：__________ 试验温度（℃）：__________ 试验湿度（%）：__________

品种等级：____________________ 试验标准：____________________

试验仪器：________________________________________

样品描述：____________________ 设计强度等级：____________________

<table>
<tr><td>砂浆种类</td><td></td><td colspan="2">搅拌方式</td><td colspan="2"></td></tr>
<tr><td colspan="6">砂浆稠度</td></tr>
<tr><td>试验次数</td><td>设计值 /mm</td><td colspan="2">砂浆稠度测值 /mm</td><td colspan="2">砂浆稠度测定值 /mm</td></tr>
<tr><td></td><td></td><td colspan="2"></td><td colspan="2" rowspan="2"></td></tr>
<tr><td></td><td></td><td colspan="2"></td></tr>
<tr><td colspan="6">砂浆分层度</td></tr>
<tr><td>试验次数</td><td>未装入砂浆分层度筒前的砂浆稠度 /mm</td><td colspan="2">装入砂浆分层度筒静置后的砂浆稠度 /mm</td><td>砂浆分层度测值 /mm</td><td>砂浆分层度平均值 /mm</td></tr>
<tr><td></td><td></td><td colspan="2"></td><td></td><td rowspan="2"></td></tr>
<tr><td></td><td></td><td colspan="2"></td><td></td></tr>
</table>

【试验考核模块】

| 班级 | | 姓名 | | 学号 | | 分组 | | 评分 | |
|---|---|---|---|---|---|---|---|---|---|

## 建筑砂浆立方体抗压强度试验记录

试验日期：__________ 试验温度（℃）：__________ 试验湿度（%）：__________

品种等级：______________________ 试验标准：______________________________

试验仪器：________________________________________________________________

样品描述：______________________ 设计强度等级：__________________________

| 成型日期 | 检测日期 | 龄期 /d | 使用部位及编号 | 试件尺寸 /mm | 受压面积 /mm$^2$ | 破坏荷载 /N | 砂浆立方体抗压强度 /MPa | 平均砂浆立方体抗压强度 /MPa | 达到设计强度等级 /% |
|---|---|---|---|---|---|---|---|---|---|
| | | | | | | | | | |
| | | | | | | | | | |
| | | | | | | | | | |
| | | | | | | | | | |
| | | | | | | | | | |
| | | | | | | | | | |

# 试验 6 建筑钢材试验

## 【知识模块】

### 1. 钢筋拉伸试验

测定低碳钢的屈服强度、抗拉强度与延伸率，观察拉力与变形之间的变化，确定应力－应变曲线，评定钢筋的强度等级（图 6–1）。

图 6–1 钢筋

钢筋拉伸过程的应力－应变曲线如图 6–2 所示，共分为 4 个阶段。

| 弹性阶段（$o$–$b$）：在弹性阶段，应变 $\varepsilon$ 很小。在比例极限范围内，应力 $\sigma$ 与应变 $\varepsilon$ 呈线性关系。 | 屈服阶段（$b$–$c$）：在弹性阶段之后，应力－应变曲线出现锯齿状，应变 $\varepsilon$ 在增加，而应力 $\sigma$ 却在波动或保持不变。 | 强化阶段（$c$–$e$）：屈服阶段过后，试件恢复承载能力，需要增大荷载才能使试件的变形增大。 | 颈缩阶段（$e$–$f$）：应力在达到最大值 $\sigma_b$ 后，试件某一局部横截面积明显缩小，出现“颈缩”现象。 |
| --- | --- | --- | --- |

### 2. 试件制作和准备（图 6–3）

钢筋拉伸试验用的试件不得进行车削加工，教学试验使用购买的标准件。用两个或一系列等分小冲点或细画线标出原始标距（标记不应影响试样断裂），测量标距长度 $L_0$（精确到 0.1 mm）。

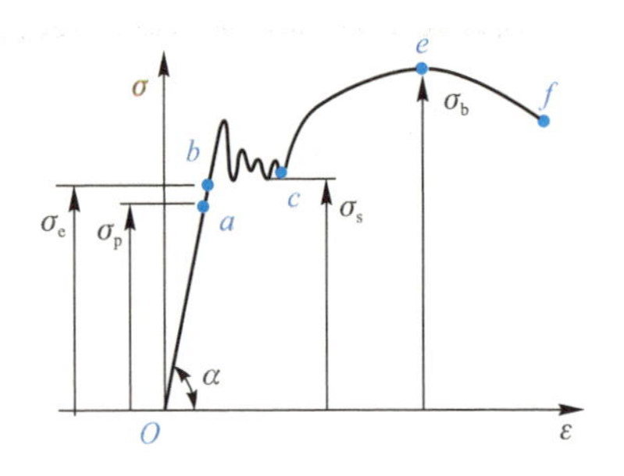

图 6-2　钢筋拉伸过程的应力 - 应变曲线

图 6-3　钢筋试件取样

## 【仪器模块】

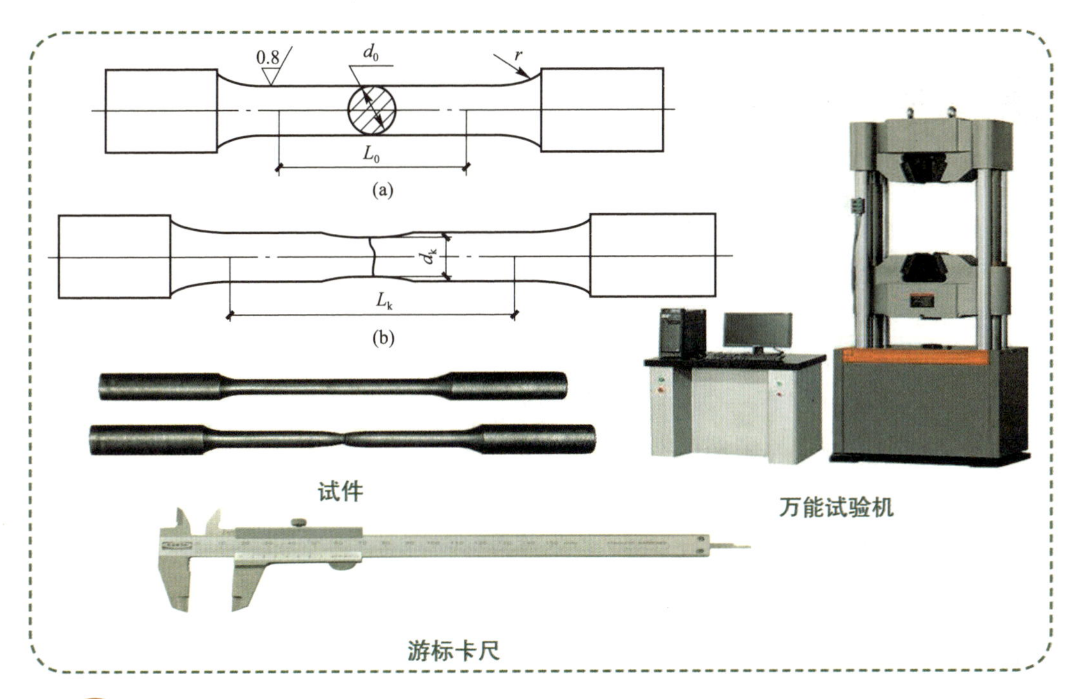


钢筋试验应在 10 ℃～ 35 ℃或控制条件在 23 ℃ ±5 ℃下进行。

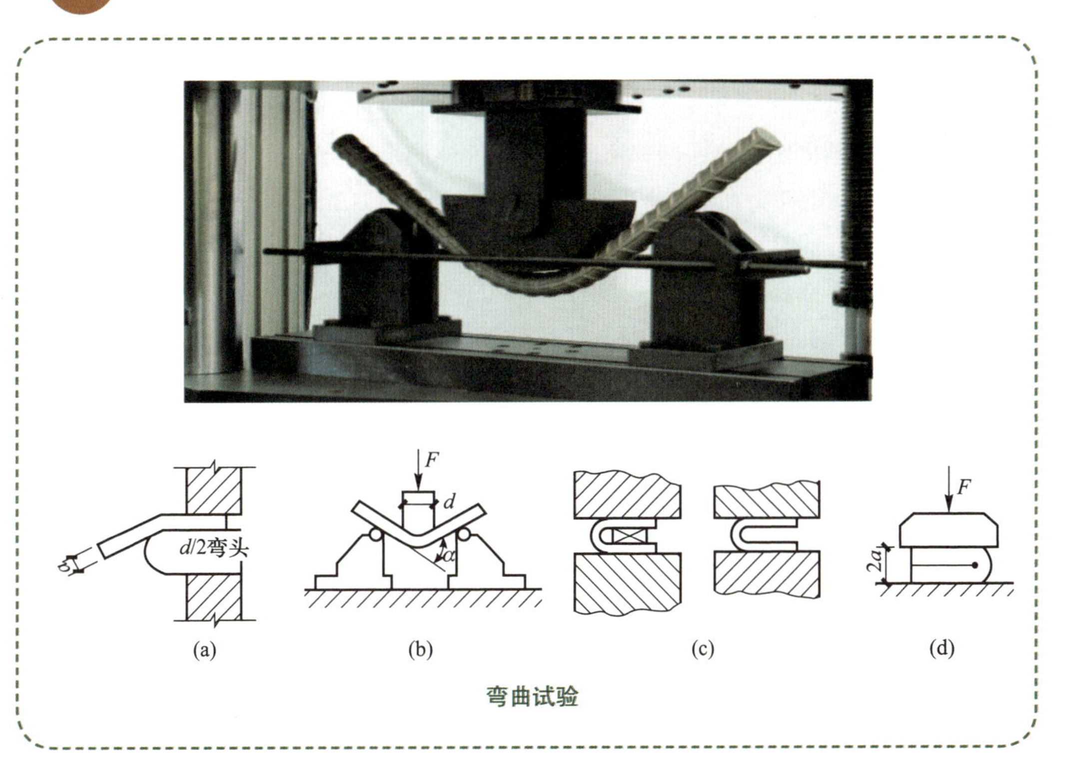

## 【试验模块】

### 1. 钢筋试件取样内容

取样方法和结果评定规定如下：

（1）自每批钢筋中任意抽取两根，在每根距端部 500 mm 处各取一套试样（两根试件），在每套试样中取一根做拉力试验，另一根做冷弯试验。

（2）在拉力试验的两根试件中，如果其中一根试件的屈服点、抗拉强度和伸长率三个指标中，有一个指标达不到标准中规定的数值，应再抽取双倍（4 根）钢筋，制取双倍（4 根）试件重做试验，如果仍有一根试件的一个指标达不到标准要求，则无论这个指标在第一次试件中是否达到标准要求，拉力试验项目也按不合格处理。

（3）在冷弯试验中，如果有一根试件不符合标准要求，应同样抽取双倍钢筋，制成双倍试件重做试验，如果仍有一根试件不符合标准要求，冷弯试验项目即不合格。

### 2. 钢筋拉伸试验步骤

（1）屈服强度和抗拉强度的测定。

1）调整试验机测力度盘的指针，使其对准零点，并拨动副指针，使之与主指针重叠。

2）将试件固定在试验机夹头内。启动试验机进行拉伸，拉伸速度为 10 MPa/s，并保持试验机控制器固定在这一速率上，直至该性能测出为止；屈服后或只需测定抗拉强度时，试验机活动夹头在荷载下的移动速度不大于 0.5 $L_0$/min。

3）拉伸中，测力度盘的指针停止转动时的恒定荷载，或第一次回转时的最小荷载，即所求的屈服点荷载 $F_d$（N）。当 $f_y > 1\ 000$ MPa 时，应计算至 10 MPa；当 $f_y$ 为 200 ～ 1 000 MPa 时，计算至 5 MPa；当 $f_y \leqslant 200$ MPa 时，计算至 1 MPa。小数点后按“四舍六入五单双法”处理。

4）向试件连续施载直至拉断，由测力度盘读出最大荷载 $F_b$（N）。

（2）伸长率的测定。

1）将已拉断试件的两段在断裂处对齐，尽量使其轴线位于一条直线上。如果拉断处由于各种原因形成缝隙，则此缝隙应计入试件拉断后标距部分长度内。

2）当拉断处到邻近标距点的距离大于 $L_0/3$ 时，可用游标卡尺直接量出已被拉长的标距长度 $L_1$（mm）。

3）如果试件在标距端点上或标距处断裂，则试验结果无效，应重做试验。

## 3. 钢筋冷弯试验步骤

（1）钢筋冷弯试件不得进行切削加工，试样长度 $L \approx 5d+150$（mm）（$d$ 为试件原始直径）。

（2）半导向弯曲：试样一端固定，绕弯心直径进行弯曲。试样弯曲到规定的弯曲角度，或出现裂纹、裂缝，断裂时为止。

（3）导向弯曲。

1）将试样放置在两个支点上，将一定直径的弯心在试样两个支点中间施加压力，使试样弯曲到规定的角度，或出现裂纹、裂缝，断裂时为止。

2）试样在两个支点上按一定弯心直径弯曲至两臂平行时，可一次完成试验；也可先弯曲到所要求角度的 1/3，然后放置在试验机平板之间继续施加压力，压至试样两臂平行。此时可以加与弯心直径相同尺寸的衬垫进行试验。

3）试验应在平稳压力作用下，缓慢施加试验压力。两支辊间的距离为（$d$+2.5$a$）± 0.5$a$，并且在试验过程中不允许有变化。

4）弯曲后，按有关标准规定检查试样弯曲外表面，进行结果评定。若未出现裂纹、裂缝或裂断，则评定试样合格。

## 【公式图表模块】

**建筑钢材试验常用公式**

| 指标名称 | 计算公式 | 字母含义 |
| --- | --- | --- |
| 屈服强度 | $f_y=\frac{F_s}{A}$ | $f_y$——屈服强度（MPa）；<br>$F_s$——屈服点荷载（N）；<br>$A$——试件的公称横截面面积（$mm^2$） |
| 抗拉强度 | $f_u=\frac{F_b}{A}$ | $f_u$——抗拉强度（MPa）；<br>$F_b$——最大荷载（N）；<br>$A$——试件的公称横截面面积（$mm^2$） |
| 伸长率 | $\delta_{10}$（或$\delta_5$）$=\frac{L_1-L_0}{L_0}\times100\%$ | $\delta_{10}$、$\delta_5$——$L_0=10d$或$L_0=5d$时的伸长率；<br>$L_0$——原标距长度 $10d$（或 $5d$）（mm）；<br>$L_1$——试件拉断后直接量出或按移位法确定的标距部分长度（mm）（测量精确到 0.1 mm） |

【试验考核模块】

| 班级 | | 姓名 | | 学号 | | 分组 | | 评分 | |
|---|---|---|---|---|---|---|---|---|---|

# 钢筋拉伸及冷弯试验结果处理（一）

试验日期：__________ 试验温度（℃）：__________ 试验湿度（%）：__________

品种等级：____________________ 试验标准：____________________

试验仪器：________________________________________

样品描述：____________________ 设计强度等级：____________________

钢筋拉伸试验记录表

| 项目 | | 试件编号 | |
|---|---|---|---|
| | | 1 | 2 |
| 试件尺寸 | 标距长度 $L_0$/mm | | |
| | 平均直径 $d$/mm | | |
| | 受拉面积 $S_0$/mm$^2$ | | |
| 屈服点荷载 /N | | | |
| 破坏荷载 /N | | | |
| 试件破坏后标距长 $L_1$/mm | | | |
| 屈服强度 $\sigma_s$/MPa | | | |
| 抗拉强度 $\sigma_b$/MPa | | | |
| 伸长率 $\delta$/% | | | |

## 【试验考核模块】

| 班级 | | 姓名 | | 学号 | | 分组 | | 评分 | |
|---|---|---|---|---|---|---|---|---|---|

# 钢筋拉伸及冷弯试验结果处理（二）

试验日期：__________ 试验温度（℃）：__________ 试验湿度（%）：__________

品种等级：____________________ 试验标准：____________________

试验仪器：________________________________________

样品描述：____________________ 设计强度等级：____________________

钢筋冷弯试验记录表

| 试件编号 | 试件直径 /mm | 弯心直径 $d$/mm | 跨度 $L$/mm | 弯曲角度 $\alpha$ /（°） | 试验结果 |
|---|---|---|---|---|---|
| 1 | | | | | |
| 2 | | | | | |

钢筋试验结论

| 钢筋品种： | | 牌号： |
|---|---|---|
| 试验项目 | 标准要求 | 结论 |
| 屈服强度 $\sigma_s$/MPa | | |
| 抗拉强度 $\sigma_b$/MPa | | |
| 伸长率 $\delta$/% | | |
| 冷弯性能 | | |

# 参考文献


[1] 刘祥顺. 建筑材料 [M]. 4 版 . 北京：中国建筑工业出版社，2015.

[2] 吕智英，徐英，宋晓辉. 建筑材料 [M]. 武汉：武汉理工大学出版社，2011.

[3] 王春阳. 建筑材料 [M]. 3 版 . 北京：高等教育出版社，2018.

[4] 范文昭，范红岩. 建筑材料 [M]. 4 版 . 北京：中国建筑工业出版社，2013.

[5] 中华人民共和国住房和城乡建设部. GB/T 50107—2010 混凝土强度检验评定标准 [S]. 北京：中国建筑工业出版社，2010.

[6] 中华人民共和国国家质量技术监督局. GB/T 17671—1999 水泥胶砂强度检验方法（ISO 法）[S]. 北京：中国标准出版社，1999.

[7] 中华人民共和国国家质量监督检验检疫总局，中国国家标准化管理委员会 GB/T 14684—2011 建筑用砂 [S]. 北京：中国标准出版社，2012.

[8] 中华人民共和国国家质量监督检验检疫总局，中国国家标准化管理委员会 GB/T 14685—2011 建筑用卵石、碎石 [S]. 北京：中国标准出版社，2012.

[9] 中华人民共和国住房和城乡建设部. JGJ 55—2011 普通混凝土配合比设计规程 [S]. 北京：中国建筑工业出版社，2011.

[10] 中华人民共和国国家质量监督检验检疫总局. GB/T 700—2006 碳素结构钢[S]. 北京：中国标准出版社，2007.

[11] 中华人民共和国国家质量监督检验检疫总局，中国国家标准化管理委员会. GB 175—2007 通用硅酸盐水泥 [S]. 北京：中国标准出版社，2008.

[12] [法] 费朗索瓦·迈克尔 . 环球旅行 [M]. 荣信文化，译 . 西安：陕西新华出版传媒集团，未来出版社，2013.

*note*

*note*

*note*

*note*

*note*

*note*

*note*